Blütenstand

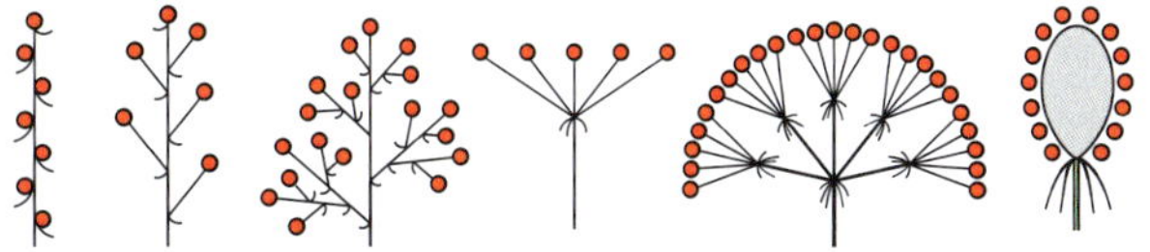

Ähre Traube Rispe Dolde zusammengesetze Dolde Köpfchen

Frucht

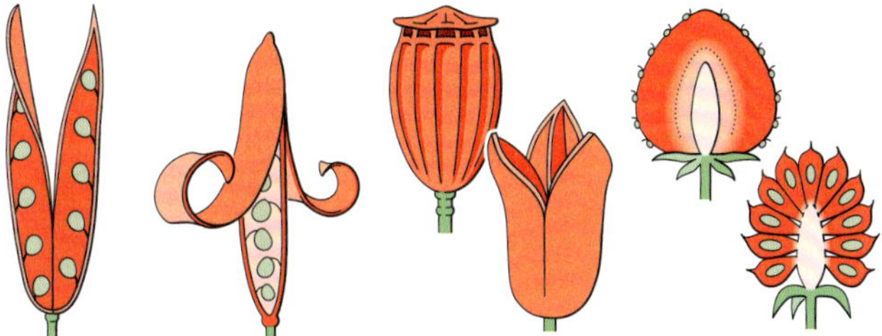

Hülse Schote Kapsel Sammelfrucht

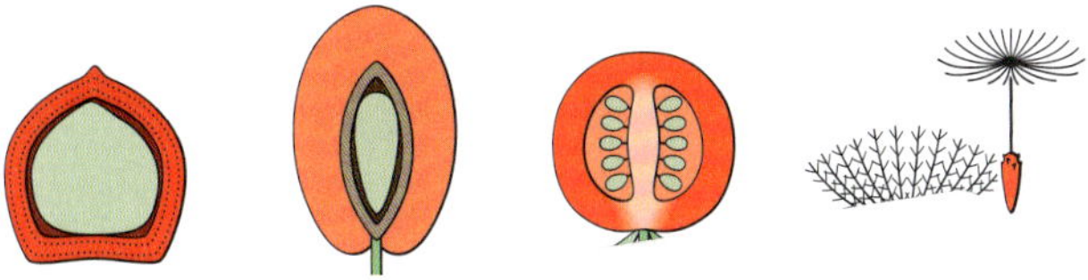

Nuss/Nüsschen Stei… …us

Wurzel

Zwiebel Faserwurzel Pfahlwurzel Rhizom

RUDI BEISER

Essbare Wildkräuter und Wildbeeren für unterwegs

KOSMOS

Inhalt

Wildkräuter sammeln und genießen

Wollen Sie Ihre Küche mit einer Fülle neuer Geschmacksnuancen und einem Feuerwerk unbekannter Aromen bereichern? Dann kommen Sie an Wildkräutern und -früchten nicht vorbei! Die Wildkräuterküche erlebt momentan eine kleine Renaissance. Selbst die Sternegastronomie hat das eine oder andere Wildkraut für exquisite Kreationen wiederentdeckt.

WILDKRÄUTER: URNAHRUNG DER MENSCHHEIT

Dabei waren Wildkräuter fast die ganze Menschheitsgeschichte hindurch Grundlage der Ernährung. Hunderttausende Jahre lang sammelten Steinzeitfrauen Kräuter, Gräsersamen, Wurzeln, Pilze und Wildfrüchte. Sie deckten damit 80 % des Bedarfs an Nahrung. Der Rest bestand aus gejagtem Wild. »Sammler und Jäger« nennt man deshalb diese Kulturstufe der Menschheit.

Vor etwa 10 000 Jahren begann dann das Zeitalter des Ackerbaus. Auch hier war das Sammeln von Wildkräutern eine wichtige Bereicherung des Speiseplans. Denn Wildkräuter standen fast ganzjährig zur Verfügung. Vor allem im zeitigen Frühjahr, wenn die Vorräte aufgebraucht waren und die Entbehrungen des Winters die Menschen geschwächt hatten, war die wichtigste Sammelzeit. Viele Wildpflanzen sind nämlich schon im März verfügbar, wenn in den Gärten und auf den Feldern noch keine Ernten in Sicht sind. Längst hängt unser Überleben nicht mehr von gesammelten Wildpflanzen ab. Aber der enorm lange Zeitraum des »Sammler- und Jägertums« liegt noch in unseren Genen. Das Sammeln in der Natur verbindet uns mit den alten Strukturen unseres Steinzeitgehirns. Deshalb macht es den meisten Menschen Spaß, draußen in der Natur zu sein und essbare Pflanzen zu entdecken und zu ernten. Es ist faszinierend, sein Essen selbst zu sammeln, und gleichzeitig tut man etwas für seine Gesundheit: Wildpflanzen sammeln ist auch Bewegung, Naturerlebnis, Erholung und eine Frischluftkur.

Das gemeinsame Sammeln bringt Bewegung und macht Spaß.

KRAFT DER WILDKRÄUTER

Wildgemüse ist nicht nur eine geschmackliche Bereicherung unseres Speiseplans, sondern auch eine gesundheitliche: Es enthält wesentlich mehr Vitamine und Mineralien als Kulturgemüse. Im Durchschnitt sind darin etwa dreimal so viele Vitamine, Proteine und Mineralien zu finden. Weil Wildpflanzen in der Regel auch gleichzeitig Heilpflanzen sind, enthalten sie ein Vielfaches an gesundheitsförderlichen Wirkstoffen, wie zum Beispiel Polyphenole. Dadurch senken sie das Risiko für Krebs und Herz-Kreislauf-Erkrankungen. Mit diesen „Gesundheitspaketen" auf dem Teller können Sie Nahrungsergänzungsmittel getrost im Regal stehen lassen. Und darüber hinaus gibt es die Wildkräuter sozusagen gratis vor der Haustür.

Wildbeeren waren in der Steinzeit eine leckere Bereicherung des Speiseplans.

DER AUFBAU DIESES BUCHES

Über 12 000 Pflanzenarten wachsen in Europa, mindestens 1 500 davon sind als essbar bekannt. In diesem Buch werden 140 der wichtigsten Wildkräuter und -früchte vorgestellt. Um das Sammeln zu erleichtern, sind die Pflanzen nach ihrem Vorkommen in den verschiedenen Lebensräumen eingeteilt: Wald, Wiese, Gewässer, Acker sowie Bäume und Sträucher. Manche Arten können aber durchaus auch mehrere Lebensräume besiedeln. In diesem Fall werden sie dort vorgestellt, wo sie am häufigsten zu finden sind.
Innerhalb der Lebensräume wurden die Wildkräuter nach ihrer Hauptsammelzeit aufgeführt: Frühling (März/April), Frühsommer (Mai/Juni), Sommer (Juli/August) und Herbst (September/Oktober). Diese Einteilung ist nicht immer schlüssig, da beispielsweise Löwenzahnblätter im Frühling gesammelt werden, Löwenzahnwurzeln aber erst im Herbst.
Wir haben uns in diesem Fall an der geläufigsten Nutzung orientiert; beim Löwenzahn beispielsweise ist dies die Verwendung der Blätter als Salat. In den Porträts sind selbstverständlich alle Nutzungsmöglichkeiten berücksichtigt und aufgeführt.
Zu jeder Art gibt es ausführliche Informationen zur Bestimmung, zum Fundort, zur Blütezeit (rechts neben Artnamen), zur Erntezeit und zur kulinarischen Verwertung. Die »Tipps für unterwegs« geben wertvolle Hinweise zum Sammeln, über Besonderheiten bei der Ernte oder andere nützliche Informationen. Außerdem weisen die Tipps auf mögliche Verwechslungsgefahren mit giftigen Doppelgängern hin. Damit Sie diese sicher unterscheiden können, sind sie in einem eigenen Kapitel ab Seite 146 ebenfalls porträtiert. Am Ende des Buches finden Sie schließlich eine kleine Sammlung wichtiger Grundrezepte für die Verarbeitung von Wildkräutern und Wildbeeren.

WILDKRÄUTER SICHER BESTIMMEN

Einige Wildkräuter haben auch giftige Doppelgänger, die nicht harmlos sind und deshalb unbedingt erkannt werden müssen. Mithilfe der Pflanzenfotografien und der im Text aufgeführten Merkmale können Sie die Pflanzen zuverlässig bestimmen.
Ganz wichtig ist allerdings, dass Sie nur Kräuter sammeln, die sich eindeutig bestimmen lassen. Wenn Sie sich nicht sicher sind, sollten Sie auf den Verzehr verzichten. Vor allem als Neuling sollten Sie sich mit dem Sammeln zunächst auf jene Arten konzentrieren, die Sie eindeutig zuordnen können.
Blühende Pflanzen sind meist sehr leicht zu bestimmen. Im Frühjahr, wenn sie frisch austreiben, ist es für den unerfahrenen Sammler allerdings nicht so einfach. Nun ist es leider so, dass viele Pflanzen gerade im Jugendstadium geerntet werden, weil sie dann besonders gut schmecken. Deshalb kann es sinnvoll sein, eine Pflanzenart eine ganze Vegetationsperiode lang zu beobachten und somit die verschiedenen Entwicklungsstadien kennenzulernen.
Es ist für Einsteiger auch hilfreich, an einer geführten Wildkräuter-Exkursion teilzunehmen und so einige Arten am Naturstandort mit allen Sinnen zu erfahren.

Wildkräuter bringen neue, raffinierte Geschmacksnuancen in die Küche.

WILDPFLANZEN RICHTIG SAMMELN

Bevor es mit dem Sammeln losgeht, benötigen Sie Schere und Messer zum Ernten von oberirdischen Pflanzenteilen, einen Wurzelstecher oder Spaten für die Wurzeln sowie eventuell Handschuhe, wenn Sie stachelige Pflanzen ernten möchten.
Als Transportbehälter eignen sich luftige Körbchen oder Papiertüten, die nur locker bepackt werden, damit das Erntegut keine Druckstellen bekommt. Plastiktüten kommen nicht infrage, denn in ihnen beginnen die Kräuter rasch zu schwitzen und sich zu zersetzen.
Auch bei der Auswahl der Orte, an denen Sie sammeln, sollten Sie mit Bedacht vorgehen. Essbare Wildpflanzen wachsen meist schon direkt vor der Haustür: im eigenen Garten, auf der Rasenfläche, auf den umliegenden Wiesen und Feldern oder in angrenzenden Waldgebieten. Überall in der freien Natur darf man wild wachsende Pflanzen ernten – allerdings nur in Mengen, die nicht über einen großen Handstrauß oder ein Körbchen hinausgehen. In Naturschutzgebieten darf auf keinen Fall gesammelt werden. Geschützte Pflanzen sind generell tabu, egal wo sie wachsen.
Doch auch auf erlaubten Flächen sollten Sie so achtsam sammeln, dass noch genug Pflanzen stehen bleiben, um den Fortbestand zu sichern.

Die knackigen Wildkräuter werden am besten gleich nach dem Sammeln verarbeitet.

Ernten Sie nie alles rigoros ab und sammeln Sie nur so viel, wie Sie auch verarbeiten können. Im eigenen Interesse sollten Sie Wildpflanzen nur von unbelasteten Flächen ernten. Halten Sie also genügend Abstand zu stark befahrenen Straßen, Bahndämmen und gespritzten Feldern. Auch von Hunden verunreinigte Plätze sollten Sie unbedingt meiden.

SORGFÄLTIG ERNTEN

Die Auslese des Pflanzenguts beginnt schon beim Sammeln. In erster Linie bevorzugt man junge, zarte Pflanzenteile. Man erntet sie, bevor sie hart, faserig und bitter werden. Nur saubere und gesunde Pflanzen landen im Körbchen. Dadurch sparen Sie sich hinterher viel Arbeit bei der Zubereitung. Am besten legen Sie die Pflanzen nach Arten getrennt in den Korb. Schauen Sie zu Hause die Pflanzen noch mal genau an, um jeglichen Irrtum auszuschließen. Viel Freude bei den Sammel-Streifzügen durch die Natur und bei der Entdeckung neuer Genüsse!

Der Fuchsbandwurm

Der Fuchsbandwurm ist ein Thema, das immer wieder mit Wildkräutern und -beeren in Verbindung gebracht wird. Diese durchaus gefährliche Infektion ist allerdings sehr selten. Neueste Erkenntnisse zeigen, dass kein Zusammenhang zwischen Wildkräuterkonsum und Infektionsrisiko besteht. Interessanterweise wird die Infektion meist über Hunde und Katzen auf Menschen übertragen. Zudem sind Füchse zunehmend auf Kulturland anzutreffen, sodass eine Übertragung durch Freilandgemüse oder Obst genauso möglich wäre. Es ist trotzdem sinnvoll, das Sammelgut immer gründlich zu waschen. Wer ganz sichergehen will, muss auf den Rohverzehr verzichten und sollte nur erhitzte Gerichte zu sich nehmen.

Im Wald

Dieser Lebensraum umfasst feuchte Schlucht- und Auwälder, dunkle Nadelwälder, artenreiche Mischwälder sowie sonnige Lichtungen und Waldränder. Hier finden sich mit Brennnessel, Giersch und Bär-Lauch die leckersten Wildpflanzen. Im Herbst locken viele Beeren und Früchte.

Bär-Lauch

Allium ursinum

APRIL–MAI

Tipp für unterwegs

☠ Giftige Verwechslungsarten sind das Maiglöckchen (→ S. 152), die Herbst-Zeitlose (→ S. 153) und der Aronstab (→ S. 148). Sie alle duften nicht nach Knoblauch.

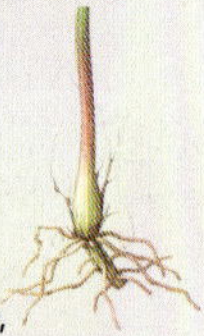

schmale, nach Knoblauch duftende Zwiebel

MERKMALE Das 15–50 cm hohe Zwiebelgewächs hat einen intensiven Knoblauchduft. Der hohle Blütenstängel ist meist dreikantig. Die lang gestielten, breit lanzettlichen Blätter besitzen parallel verlaufende Adern. Sie sind glattrandig und auf der Unterseite matt. Aus dem Stängel entspringt ein kugeliger Blütenstand mit kleinen weißen, sternförmigen Einzelblüten.
VORKOMMEN Wächst flächendeckend in Laub- sowie in Auwäldern.
VERWERTUNG Bär-Lauch ist eines der bekanntesten Wildgemüse. Die jungen Blätter schmecken nach Knoblauch. Man nutzt sie bis zur Blüte zum Würzen von Salat, Suppen, Nudelgerichten, Pesto, Kräuterbutter und -quark oder zum Aromatisieren von Essig und Öl. Beste Sammelzeit ist März bis April. Die Blätter werden fein geschnitten, aber nicht püriert, sonst könnte der oxidationsempfindliche Bär-Lauch bitter werden. Ebenso verwendbar sind Knospen, Blüten und die kleinen schmalen Zwiebeln, die man ab Juni graben kann.

Giersch

Aegopodium podagraria

MAI–JULI

Tipp für unterwegs

☠ Giftige Verwechslungsart ist der schwach giftige Hecken-Kälberkropf (→ S. 148). Er ist borstig behaart und stärker gefiedert als der Giersch.

dreiteilige Blätter und zahlreiche Wurzelausläufer

MERKMALE Die mehrjährige Pflanze wird 50–100 cm hoch. Ihre Blätter duften möhrenartig würzig. Der Blattstiel ist v-förmig und unbehaart. Die Blätter sind dreiteilig gefiedert, Teilblättchen oft dreifach geteilt, am Rand scharf gesägt. Die Blütendolde besteht aus 15–20 gleich langen Döldchen mit kleinen weißen Blüten.
VORKOMMEN Wächst häufig in Laubwäldern, an Waldrändern und in Gärten.
VERWERTUNG Giersch ist eines der besten und wertvollsten Wildgemüse, mit einem Aroma von Möhre und Petersilie. Die jungen Blätter eignen sich für Gemüse, Salat, Suppen, Eierspeisen, Quark, Pesto, Smoothies, Tee und als Gewürz. Die ganz jungen, glänzend hellgrünen Blätter sind roh eine Delikatesse. Ältere Blätter besitzen ein herbes Aroma und sollten nur gedünstet verwendet werden. Erwähnenswert ist der hohe Gehalt an Eiweiß, Vitamin C und Provitamin A. Beste Erntezeit ist vor der Blüte von März bis April. Giersch war früher ein wichtiger Bestandteil der Gründonnerstagssuppe.

Echtes Lungenkraut
Pulmonaria officinalis

MÄRZ–MAI

Tipp für unterwegs

Einige Lungenkraut-Arten, die ähnlich aussehen wie das Echte Lungenkraut, können genauso genutzt werden.

helle Blattflecken

MERKMALE Die mehrjährige Pflanze wird 10–30 cm hoch. Stängel und Blätter sind rau behaart. Die bodennahen Blätter sind herzförmig und lang gestielt, während die Stängelblätter länglich eiförmig geformt sind. Auf der Blattoberseite finden sich häufig rundliche weiße Flecken. Die Blüten sind schmal glockenförmig. Zunächst blühen sie rosafarben, später blauviolett.
VORKOMMEN Wächst häufig in Laubwäldern sowie an Waldrändern.
VERWERTUNG Die jungen, saftigen Blätter nutzt man für Salat, Suppen, Eierspeisen und als Gemüse. Sie schmecken mild säuerlich und erinnern an Gurken. Junge Blätter eignen sich gut zum Rohessen, ältere Blätter sollten gedünstet werden. Sie schmecken auch gut, wenn man sie in Ausbackteig taucht und frittiert. Die Blüten dienen als essbare Speisedekoration für Salate oder Quark. Das blühende Kraut nutzt man als Tee. Man verwendete ihn früher vor allem bei Husten und bei Lungenkrankheiten.

Gewöhnliche Knoblauchsrauke
Alliaria petiolata

APRIL–JUNI

Tipp für unterwegs

Besonders delikat schmecken die jungen Blätter vor der Blüte. Ältere Blätter haben einen leicht bitteren Nachgeschmack. Probieren Sie daher vor dem Sammeln ein Blatt.

Schote mit schwarzem Samen

MERKMALE Die zweijährige Knoblauchsrauke wächst 30–100 cm hoch. Ihr Stängel ist kantig. Zerriebene Blätter riechen nach Knoblauch. Die bodennahen Blätter sind nierenförmig und am Rand grob gekerbt, die Stängelblätter herzförmig und unregelmäßig gezähnt. Die kleinen weißen Blüten haben 4 Kronblätter und sitzen in Büscheln am Stängelende.
VORKOMMEN Häufig anzutreffen in Laubwäldern sowie an Wald- und Wegrändern.
VERWERTUNG Die jungen Blätter und Triebspitzen würzen Salate, Suppen, Gemüse, Quark, Pesto und Kräuterbutter. Am besten sollte man sie roh verzehren, denn beim Erhitzen und beim Trocknen verflüchtigt sich das feine Aroma. Blüten und Knospen nutzt man als Speisedekor für herzhafte Gerichte. Auch die grünen Samenschötchen und die meerrettichscharfen Wurzeln lassen sich als Gewürz einsetzen. Im Mittelalter wurde der schwarze Samen zur Herstellung von Senf verwendet.

Ährige Teufelskralle
Phyteuma spicatum

MAI–
JULI

Tipp für unterwegs

Sammeln Sie Anfang Mai die geschlossenen Blütenähren – erkennbar an den gekrümmten Knospen – und richten Sie sie wie Spargel an.

walzenförmige Blütenähre

MERKMALE Die Teufelskralle wird 30–80 cm hoch. Sie hat einen aufrechten unverzweigten Stängel. Ihre bodennahen Blätter sind lang gestielt, herzförmig und am Blattgrund dunkel gefleckt. Die schmalen länglichen Stängelblätter sind am Rand grob gesägt und kurzgestielt. Die Blüten sitzen in walzenförmigen Ähren und sind vor dem Aufblühen krallenartig gekrümmt. Sie blühen weiß oder selten bläulich.
VORKOMMEN Wächst gern in Laubwäldern, Mischwäldern und auf Bergwiesen.
VERWERTUNG Ein köstliches Wildgemüse mit mild-würzigem Geschmack. Blätter nutzt man vor der Blüte für Salat, Kräuterquark oder Gemüsegerichte. Die noch geschlossenen Blütentriebe sind gedünstet eine Delikatesse. Die große Wurzel wird geschält und roh unter Salat geraspelt. Man kann sie auch dünsten oder in Scheiben geschnitten im Backofen backen oder in Öl braten. Roh besitzt sie eine leichte Schärfe, die an Rettich erinnert. Die Wurzeln der Teufelskralle erntet man ab September oder im zeitigen Frühjahr.

Gewöhnlicher Hopfen
Humulus lupulus

JULI–
AUGUST

Tipp für unterwegs

Merken Sie sich die Standorte der Hopfenpflanzen, damit Sie im Frühjahr die jungen Triebe finden.

drei- bis fünflappige Blätter

MERKMALE Die Kletterpflanze wird bis zu 6 m hoch. Der vierkantige, borstig behaarte Stängel treibt jedes Jahr neu aus dem Wurzelstock. Die rau behaarten Blätter sind handförmig in 3–5 Lappen geteilt und am Rand gesägt. Männliche und weibliche Blüten sitzen auf verschiedenen Pflanzen. Nur die weiblichen Blüten entwickeln die gelbgrünen zapfenähnlichen Dolden.
VORKOMMEN Rankt gern in Auwäldern, an Waldrändern und in Gebüschen.
VERWERTUNG Wenn die jungen Sprosse im April aus der Erde kommen, nutzt man sie als Gemüse. Sie sehen zwar aus wie Spargel, ihr Geschmack erinnert aber eher an Spinat. Am besten schmecken die Sprosse, wenn man sie einfach in Butter dünstet. Ältere Triebe werden unangenehm bitter. Aus den im September geernteten weiblichen Hopfenzapfen stellt man einen beruhigenden Tee her. Nicht nur Bier, sondern auch andere Getränke, etwa Likör, werden mit dem würzigen Hopfenduft aromatisiert.

Wald-Sauerklee

Oxalis acetosella

APRIL–MAI

Tipp für unterwegs

Genießen Sie beim Waldspaziergang die erfrischend säuerlichen Blättchen und Blüten.

herzförmige Teilblättchen

MERKMALE Die mehrjährige Pflanze wird 5–15 cm hoch. Ihre Blätter sind lang gestielt und ähnlich wie Kleeblätter dreigeteilt. Die Teilblättchen sind herzförmig eingebuchtet und ganzrandig. Am Abend falten sie sich zusammen. Die weißen, violett geäderten Blüten sitzen an langen Stielen. Am Grund haben die Blütenblätter einen markanten gelben Fleck.

VORKOMMEN Wald-Sauerklee findet sich häufig in Laub- und Mischwäldern.

VERWERTUNG Die zarten Frühlingsblätter haben ein erfrischend säuerliches Aroma. Sie bereichern Salat, Kräuterbutter, Quarkspeisen, Suppen und Soßen. Man kann sie auch einfach klein geschnitten aufs Brot streuen. Die Blüten eignen sich als essbare Dekoration für Salate. Die noch weichen Früchte kann man wie Kapern in Essig einlegen. Nach der Blüte schmeckt Sauerklee allerdings nicht mehr so gut, er verliert sein zitronenartiges Aroma. Wegen der in der Pflanze vorhandenen Oxalsäure sollte Sauerklee nicht in großen Mengen verzehrt werden.

Echte Nelkenwurz

Geum urbanum

JUNI–SEPTEMBER

Tipp für unterwegs

Beste Erntezeit für die jungen hellgrünen Blätter ist die Zeit von März bis April. Später werden die Blätter herb-bitter.

dreiteiliges Endblatt

MERKMALE Die mehrjährige Pflanze wird 20–60 cm hoch. Ihr Stängel ist behaart. Die gefiederten Grundblätter stehen in einer bodennahen Rosette. Die Teilblättchen stehen sich gegenüber, das Endblättchen ist größer. Die oberen Stängelblätter sind meist dreiteilig, ihr Blattrand ist unregelmäßig gesägt bis gekerbt. Die Blüten besitzen 5 goldgelbe Blütenblätter. Auffallend sind die köpfchenförmig zusammenstehenden Früchte mit ihren Haken und ihrer Purpurfärbung.

VORKOMMEN Häufig anzutreffen in Laubwäldern, an Waldrändern, in Gebüschen und Gärten.

VERWERTUNG Die jungen Blätter der Blattrosette nutzt man vor der Blüte als Salat und Gemüse. Die Blüten eignen sich als essbare Dekoration. Die Wurzeln werden im Herbst gegraben. Ihr Aroma erinnert an das von Gewürznelken. Man verwendet sie sparsam als Gewürz oder zum Aromatisieren von Limonade, Tee und Likör. Früher wurde die getrocknete Wurzel als Nelkenersatz verwendet. Außerdem war der daraus hergestellte Tee ein beliebtes Gurgelmittel.

Große Brennnessel
Urtica dioica

JUNI–OKTOBER

Tipp für unterwegs

Am besten mit Handschuhen sammeln! Die Brennhaare ritzen die Haut und injizieren das juckende Nesselgift.

weiblicher Blütenstand, hängend

MERKMALE Die dicht mit Brennhaaren besetzte Pflanze wird 30–150 cm hoch. Der Stängel ist vierkantig. Die Blätter stehen sich paarweise gegenüber. Sie sind länglich eiförmig, zugespitzt und am Rand grob gesägt. Die unscheinbaren grünlichen Blüten stehen in Rispen in den oberen Blattachseln. Die Brennnessel ist zweihäusig: Es gibt männliche und weibliche Pflanzen.
VORKOMMEN Sehr häufig in Wäldern, an Wegrändern sowie an Hecken.
VERWERTUNG Die jungen Blätter und Triebspitzen nutzt man als Tee, für Suppen, Gemüse, Smoothies und zum Grünfärben von Nudelteig. Das Wildgemüse schmeckt würzig spinatartig. Die beste Sammelzeit ist März bis Mai, ältere Blätter schmecken nicht so gut. Die Brennhaare werden beim Kochen zerstört. Will man die Blätter roh essen, rollt man sie mit einem Nudelholz ab. Die Samen schmecken nussig und eignen sich getrocknet und geröstet als Gewürz. Die Pflanze enthält sehr viel Eiweiß, Vitamine und Mineralien.

Wohlriechendes Veilchen
Viola odorata

MÄRZ–APRIL

Tipp für unterwegs

☠ Nicht duftende Veilchen-Arten kann man ebenso verwenden. Giftige Verwechslungsart ist die Haselwurz (→ S. 153).

lang gestielte rundliche Blätter

MERKMALE Das Veilchen ist mehrjährig, wird 5–10 cm hoch und hat kriechende Ausläufer. Der Blütenstängel kommt direkt aus dem Wurzelstock, etwa auf halber Höhe der Stängel sitzen 2 schuppenförmige Blättchen. Die Blätter stehen in einer bodennahen Rosette, sind lang gestielt und rundlich nierenförmig. Außerdem sind sie fein behaart und am Rand gekerbt. Die intensiv duftende Blüte hat 5 dunkelviolette Blütenblätter, die am Grund weiß sind. Das nach unten gerichtete Blütenblatt hat einen Sporn. Die Kelchblätter sind im Gegensatz zu anderen Veilchen an der Spitze abgerundet. Die Pflanze wird auch März-Veilchen genannt.
VORKOMMEN Wächst in Laubwäldern und am Waldrand.
VERWERTUNG Die jungen, mild schmeckenden Blätter passen gut in Salate und Suppen. Die zart duftenden Blüten eignen sich als essbare Dekoration, als Tee oder zum Kandieren mit Zucker. Außerdem kann man mit ihnen Essig, Sirup, Likör, Saft und Desserts aromatisieren und färben. Sie sind süßlich-mild im Geschmack. Der Wurzelstock war früher Bestandteil von Hustenteemischungen.

Wald-Engelwurz
Angelica sylvestris

JULI–SEPTEMBER

Tipp für unterwegs

☠ Giftige Verwechslungsart ist der Hecken-Kälberkropf (→ S. 148). Er ist borstig behaart und am Blattrand gekerbt.

geflügelte Früchte

MERKMALE Der stattliche Doldenblütler wird bis zu 200 cm hoch. Sein runder Blütenstängel ist unbehaart, hohl, schwach gerillt und oft purpurn überlaufen. Die großen Blätter sind dunkelgrün und gefiedert. Die Teilblättchen sind eiförmig und am Rand gesägt. Die Blattstiele sind rinnenartig vertieft und haben bauchige Blattscheiden. Die in Dolden stehenden Blüten sind weiß oder zartrosa.

VORKOMMEN Wächst in Auwäldern, auf feuchten Wiesen und Waldlichtungen.

VERWERTUNG Die Blätter und jungen Triebe nutzt man vor der Blüte als Würze für Salat und Suppen. Der Geschmack ist aromatisch süß bis scharf. Die jungen Blattstiele können wie Spargel geschält und gedünstet werden, passen aber auch roh in Salat. Die Blüten verfeinern Desserts und Tee. Ab September erntet man Samen und Wurzeln zum Aromatisieren von Likör. Vorsicht: Der Pflanzensaft kann in Verbindung mit Licht erhebliche Hautreizungen hervorrufen.

Süßdolde
Myrrhis odorata

MAI–JULI

Tipp für unterwegs

☠ Giftige Verwechslungsarten sind Hundspetersilie (→ S. 149) und Gefleckter Schierling (→ S. 148). Die Blätter beider Arten riechen jedoch unangenehm.

strahlend weiße Doldenblüten der Süßdolde

MERKMALE Die mehrjährige, bis zu 120 cm hohe Pflanze duftet ähnlich wie Anis. Ihr runder Blütenstängel ist hohl und gerillt. Die hellgrünen Blätter sind farnartig zwei- bis dreifach gefiedert und weich behaart. Die Teilblättchen sind am Rand tief eingeschnitten. Viele kleine weiße Blüten sind zu einer Dolde zusammengefasst. Die langen, aufrecht stehenden Früchte sind kantig gerippt.

VORKOMMEN Findet sich eher selten an Waldrändern, Hecken und auf Bergwiesen.

VERWERTUNG Erntet man die jungen Blätter kurz vor der Blüte, ergeben sie einen wunderbaren Tee mit Anisaroma. Man kann sie auch als Würze für Salate und Suppen einsetzen. Die Blüten nutzt man zum Aromatisieren von Säften und Limonaden. Die zarten, noch grünen Früchte sind eine Delikatesse zum Rohessen oder zum Verfeinern von Obstsalaten. Ihr Geschmack erinnert an den von Lakritze. Die dicke Pfahlwurzel eignet sich zum Aromatisieren von Spirituosen oder als Gemüse.

Wald-Ziest
Stachys sylvatica

JUNI–SEPTEMBER

Tipp für unterwegs

Der Sumpf-Ziest *(Stachys palustris)* kann genauso verwendet werden. Er wächst an Ufern und Gräben.

Blätter grob gekerbt und behaart

MERKMALE Der mehrjährige Lippenblütler wird 60–120 cm hoch. Der vierkantige Stängel ist rau behaart. Die Blätter gleichen denen von Brennnesseln und stehen sich paarweise gegenüber. Sie sind breit herzförmig, behaart und am Rand grob gesägt. Die braunroten Blüten stehen etagenförmig in einer endständigen Scheinähre. Sie besitzen eine weißliche Zeichnung.
VORKOMMEN Wächst häufig in Auwäldern, Laubwäldern und an Waldwegen.
VERWERTUNG Die Blätter riechen beim Zerreiben etwas unangenehm. Gedünstet geben die jungen Blätter jedoch Suppen und Gemüsegerichten ein besonderes Aroma, das etwas an das von Pilzen erinnert. Die kurz vor der Blüte gesammelten Blätter können auch zu Tee getrocknet werden oder man verwendet sie als Grillgewürz. Ab September gräbt man die Wurzeln. Die knolligen unterirdischen Ausläufer kann man dünsten oder wie Kartoffeln zu Püree verarbeiten. Sie schmecken angenehm aromatisch.

Schmalblättriges Weidenröschen
Epilobium angustifolium

JUNI–AUGUST

Tipp für unterwegs

Alle Weidenröschen-Arten sind gleichermaßen in der Wildkräuterküche zu verwenden.

Narbe mit 4 sternförmigen Ästen

MERKMALE Die Staude kann bis zu 140 cm hoch werden. Ihr runder Stängel ist meist kahl und oben rötlich überlaufen. Die Blätter sind lang, schmal und zugespitzt. In der Blattmitte befinden sich helle, markante Blattnerven, die Blattunterseite ist blaugrün. Die rosaroten Blüten stehen in Trauben am Stängelende. Wenn die Fruchtstände bei Reife aufplatzen, erscheinen Samen mit einem langen weißen Haarschopf.
VORKOMMEN Wächst gern in Misch- und Laubwäldern.
VERWERTUNG Die jungen palmenartigen Frühlingstriebe schmecken süßlich, ihr Aroma erinnert etwas an das von Spargel. Die leicht säuerlichen Blätter sind eine milde Salatbeigabe oder Spinatersatz, ältere Blätter werden allerdings etwas bitter. Die Blüten kann man roh essen oder als Dekoration über Speisen streuen. Das blühende Kraut ergibt einen fein schmeckenden Tee, der ein wenig an grünen Tee erinnert. Die süßlichen Wurzeln erntet man im März und April. Sie eignen sich als Gemüse und geröstet als Kaffee-Ersatz.

Waldmeister
Galium odoratum

APRIL–JUNI

Tipp für unterwegs

Beste Sammelzeit ist kurz vor der Blüte (April/Mai). Blüht die Pflanze, steigt der Cumaringehalt, der Kopfschmerz und Übelkeit auslösen kann.

quirlständig angeordnete Blätter

MERKMALE Die angenehm duftende Pflanze wird bis zu 30 cm hoch. Ihr vierkantiger Stängel ist glatt. Die Blätter stehen etagenförmig zu 6–8 in Quirlen. Sie sind schmal lanzettlich und zugespitzt. Die kleinen weißen Blüten stehen in endständigen Trugdolden. Sie sind trichterförmig. Nach der Blüte bilden sich kugelige Früchte, die Widerhaken besitzen.
VORKOMMEN Wächst häufig in Laub- und Mischwäldern.
VERWERTUNG Aus Waldmeister wurde im Mittelalter ein berauschender Mai-Wein hergestellt, der bei Maifeiern getrunken wurde. Noch heute nutzt man die Triebspitzen zum Aromatisieren von Wein, Saft, Milch, Likör und Desserts. Vor Gebrauch lässt man die Triebe einige Stunden anwelken, denn erst dann entwickelt sich der typische süßliche Waldmeisterduft mit einem Hauch von Vanille. Der Vorgang lässt sich beschleunigen, indem man die Blätter nach der Ernte etwas quetscht. Weil Waldmeister Cumarin enthält, sollte man ihn spar-sam dosieren – 10 Zweige auf 1 Liter reichen. Waldmeister wird auch als Tee verwendet.

Alpen-Johannisbeere
Ribes alpinum

APRIL–JUNI

Tipp für unterwegs

Die in Auwäldern anzutreffende Rote Johannisbeere *(Ribes rubrum)* ist genauso verwendbar.

grüngelbe Blüten

MERKMALE Der reich verzweigte Strauch wird bis zu 2 m hoch. Er besitzt eine hellgraue Rinde. Die Blätter sind drei- bis fünflappig. Die Lappen laufen spitz zu und sind am Rand grob gesägt bis gekerbt. Die Blattstiele sind mit langen Drüsenhaaren besetzt. Die grüngelben, unscheinbaren Blüten stehen in aufrechten Trauben. Ab Juli reifen kugelige, glänzend rote Beerenfrüchte.
VORKOMMEN Wächst in Bergmischwäldern und Schluchtwäldern. Wird häufig als Hecke gepflanzt.
VERWERTUNG Die ganz leicht nach Champignons duftenden Blätter und Blüten kann man fein geschnitten in Salate und Suppen mischen. Dafür nutzt man die zarten Blätter im April. Ältere Blätter werden Teemischungen zugegeben. Die säuerlichen Beeren lassen sich zu Saft, Fruchtaufstrich, Gelee und Likör verarbeiten. Sie enthalten viel Vitamin C. Geschmacklich sind sie fader als die Garten-Johannisbeeren. Getrocknet eignen sie sich als Bestandteil von Tee oder Müsli.

Wald-Erdbeere
Fragaria vesca

APRIL–JUNI

Tipp für unterwegs

Scheinbeere mit außen sitzenden Nüsschen

MERKMALE Die kleine Pflanze bildet lange oberirdische Ausläufer. Der Stängel ist behaart. Die Blätter sind dreigeteilt, die ovalen Teilblättchen sind am Rand grob gesägt. Die Blüte besitzt 5 weiße, rundliche Blütenblätter. Aus den Blüten entwickeln sich ab Juli kleine tiefrote Erdbeeren.
VORKOMMEN Auf Waldlichtungen und an Böschungen.
VERWERTUNG Die ganz jungen, leicht säuerlichen Blätter sind eine feine Zutat zu Salat. Blätter und Blüten ergeben einen leckeren Haustee. Die Früchte isst man roh oder verarbeitet sie zu Desserts, Fruchtaufstrich, Saft und Bowle. Aromatisierten Essig erhält man, wenn man vollreife Früchte 2 Wochen in Weinessig einlegt.

Echte Brombeere
Rubus sect. *Rubus*

JUNI–AUGUST

Tipp für unterwegs

Blatt gefiedert, gesägter Rand

MERKMALE Der Strauch trägt viele Stacheln. Die überhängenden Triebe werden über 2 m lang. Die Blätter bestehen aus 3–7 eiförmigen Teilblättchen mit gesägtem Rand. Ihre Unterseite ist weißfilzig behaart. Die Blüten sind weiß-hellrosa. Ab August reifen glänzend schwarze Früchte.
VORKOMMEN Bildet gern geschlossene Bestände in Hecken an Waldrändern und auf Lichtungen.
VERWERTUNG Junge Blätter und Blüten eignen sich für Teemischungen. Ältere Blätter wirken adstringierend: d. h., der Mund fühlt sich bei Genuss pelzig an. Die vitaminreichen Früchte isst man roh oder nutzt sie für Saft, Likör und Fruchtaufstrich. Man pflückt sie vollreif und verarbeitet sie gleich.

Himbeere
Rubus idaeus

MAI–JULI

Tipp für unterwegs

Blätter meist mit 3 ovalen Teilblättchen

MERKMALE Der Strauch besitzt kurze schwarzrote Stacheln und wird bis zu 150 cm hoch. Seine Blätter bestehen aus 3–5 ovalen Teilblättchen. Sie sind unterseits weißfilzig behaart und am Rand gesägt. Die weißen Blüten sitzen in den Blattachseln. Ab Juli entwickeln sich die roten Früchte.
VORKOMMEN Häufig anzutreffen in Gebüschen, an Waldrändern und Lichtungen.
VERWERTUNG Die jungen Blätter nimmt man für Teemischungen und als Salatzugabe. Die vitaminreichen Früchte isst man am besten roh oder nutzt sie für Saft, Fruchtaufstrich, als Kuchenbelag und zum Aromatisieren von Essig und Likör. Die Früchte lassen sich auch gut einfrieren.

Heidelbeere (Blaubeere)

Vaccinium myrtillus

MAI–JUNI

Tipp für unterwegs

☠ Giftige Verwechslungsart ist die Rauschbeere (→ S. 151). Sie besitzt farbloses Fruchtfleisch, runde braune Stängel und ganzrandige Blätter.

Blattrand fein gesägt

MERKMALE Der Zwergstrauch bildet dichte Bestände und wird 15–50 cm hoch. Die aufrechten Stängel sind grün und haben flügelartige Kanten. Die Blätter sind beidseitig grün, oval, zugespitzt und am Rand fein gesägt. Die Blüten sitzen einzeln in den Blattachseln. Sie sind kugelig-glockig, zunächst grün und später rot. Die Früchte sind blauschwarz und hellblau bereift.
VORKOMMEN Wächst häufig in Nadelwäldern sowie auf Heiden.
VERWERTUNG Die herb-säuerlichen Blätter und die Blüten eignen sich gut für Teemischungen. Die vitaminreichen Früchte erntet man ab August. Man genießt sie am besten roh. Sehr lecker schmecken sie unter Joghurt gemischt. Sie lassen sich aber auch für Desserts, auf Kuchen, als Fruchtaufstrich, Saft oder Likör verwenden. Die Beeren färben die Speisen außerordentlich stark. Getrocknet mischt man sie in Tee oder unters Müsli. Sie sind nicht nur wohlschmeckend, sondern haben auch eine zellschützende Wirkung.

Preiselbeere (Kronsbeere)

Vaccinium vitis-idaea

MAI–JULI

Tipp für unterwegs

Verwechslung mit der nicht giftigen Bärentraube *(Arctostaphylos uva-ursi)* möglich. Deren Blätter sind unterseits nicht punktiert und am Rand nicht umgerollt.

glockenförmige, vierteilige Blüte

MERKMALE Der Zwergstrauch wird 10–30 cm hoch. Seine Zweige sind rundlich und haben eine grüne Rinde. Die immergrünen Blätter sind oval, ledrig und ganzrandig. Der Blattrand ist oft nach unten eingerollt. Oben sind die Blätter glänzend dunkelgrün, auf der Unterseite braun punktiert. Die glockenförmigen Blüten sind weiß-zartrosa. Sie hängen in Trauben an den Enden der Zweige. Die kugeligen Beerenfrüchte färben sich ab August leuchtend rot.
VORKOMMEN Das Heidekrautgewächs findet sich in Kiefernwäldern, Mooren und Heiden.
VERWERTUNG Roh schmecken die Beeren sauer und herb, aber gekocht entwickeln sie ein fruchtig-süßes Aroma. Zu langes Kochen macht die Früchte allerdings etwas bitter. Als Kompott sind Preiselbeeren eine beliebte Beigabe zu Gerichten wie gebackenem Camembert. Man kann sie aber auch zu Kuchen, Likören und Säften verarbeiten. Die Beeren enthalten reichlich Vitamine und Mineralien. Getrocknet nutzt man sie als Zugabe zu Tee oder als fruchtige Ergänzung für Müsli.

Auf der Wiese

Wiesen müssen vom Menschen beständig offen gehalten werden. Meist sind es nährstoffreiche Fettwiesen und Weiden, seltener magere Trockenrasen. Hier wachsen viele nutzbare Wildpflanzen wie Löwenzahn und Gänseblümchen. Nach dem Mähen treiben sie neu aus.

Wiesen-Schafgarbe
Achillea millefolium

JUNI–OKTOBER

Tipp für unterwegs

Vorsicht beim Ernten: Schafgarbensaft kann bei empfindlichen Menschen in Verbindung mit Sonnenlicht Hautreizungen hervorrufen.

mehrfach gefiedertes Blatt

MERKMALE Die Pflanze wird 20–70 cm hoch und riecht beim Zerreiben würzig. Ihr Stängel ist kantig und behaart. Die Blätter stehen sich nicht auf gleicher Höhe gegenüber, sondern sitzen abwechselnd am Stängel. Sie sind mehrfach fein gefiedert. Die Teilblättchen besitzen schmale, spitz zulaufende Enden. Der Blütenstand ist flach und doldenähnlich. Die Blütenköpfchen werden von 4–6 weißen oder zart rosaroten Zungenblüten umrandet. Die inneren Röhrenblüten sind hingegen gelblich.
VORKOMMEN Kommt häufig auf Wiesen, Weiden sowie an Wegrändern vor.
VERWERTUNG Die jungen Blätter schmecken am besten von März bis April, bevor sich der Blütenstand entwickelt. Sie eignen sich fein geschnitten als aromatisches Gewürz für Salat, Suppen, Kräutersalz, Quark oder Butter. Ältere Blätter sind etwas bitter. Sie nutzt man am besten zusammen mit den Blüten für einen wohlschmeckenden Tee. Er gilt in der Heilkunde als entzündungshemmend und krampflösend.

Gänseblümchen
Bellis perennis

FEBRUAR–NOVEMBER

Tipp für unterwegs

Sammeln Sie bevorzugt junge, halb geöffnete Blüten. Sie haben ein feineres Aroma. Voll entwickelte Blüten schmecken dagegen etwas bitter.

spatelförmige Blätter in Grundrosette

MERKMALE Das bekannte Gänseblümchen wird 5–15 cm hoch. Der runde Stängel ist blattlos und behaart. Seine Blätter sind in einer Rosette angeordnet und liegen auf dem Boden. Sie sind spatelförmig, behaart und am Rand gekerbt. Die Blütenköpfchen haben außen weiße, manchmal zart rötliche Zungenblüten. In der Mitte sitzen die gelben Röhrenblüten. Der Blütenboden ist hohl.
VORKOMMEN Wächst sehr häufig auf Wiesen, Weiden, Rasen und an Wegrändern.
VERWERTUNG Die im Frühjahr geernteten jungen Blätter eignen sich roh für Salat und Kräuterquark oder gedünstet als Bestandteil von Suppen und Gemüse. Sie besitzen einen nussigen Geschmack, der etwas an Feldsalat erinnert. Die Blüten und Blütenknospen eignen sich als essbare Dekoration und auch für Tee. Der Tee schmeckt angenehm mild, hilft bei Husten und regt den Stoffwechsel an. In Essig eingelegte Knospen kann man als Kapernersatz verwenden. In großen Mengen gegessen können Gänseblümchenblätter aufgrund des Sapoinngehaltes den Magen reizen.

Wiesen-Löwenzähne
Taraxacum sect. *Ruderalia*

APRIL–JUNI

Tipp für unterwegs

Löwenzahnblätter wachsen dicht am Boden. Ernten Sie möglichst gesunde und saubere Blätter aus der Rosettenmitte.

lange Pfahlwurzel

MERKMALE Löwenzahn wird 10–40 cm hoch und enthält einen weißen Milchsaft. Der Stängel ist blattlos und hohl. Die Blätter stehen als Rosette dicht am Boden. Sie sind länglich, unregelmäßig grob gelappt und unbehaart. Die Blütenkörbchen bestehen aus gelben Zungenblüten. Die Früchte sind mit schirmartigen Flughaaren ausgestattet.
VORKOMMEN Häufig anzutreffen auf Wiesen, Weiden, in Gärten und an Wegrändern.
VERWERTUNG Löwenzahn ist der Superstar der Wildkräuter. Die jungen Blätter – von März bis Mai geerntet – ergeben einen chicoréeartigen, leicht bitteren Salat. Ältere Blätter legt man eine halbe Stunde in lauwarmes Wasser, damit sie nicht zu bitter schmecken. Die Blütenknospen sind als Gemüse eine Delikatesse. Die vom Kelch befreiten Zungenblüten schmecken leicht süßlich und eignen sich als Dekoration für Speisen. Die Blüten nutzt man auch zur Herstellung von Tee, Gelee oder Sirup. Die im Herbst gegrabenen Wurzeln dienen geröstet als schmackhafter Kaffee-Ersatz.

Wiesen-Schaumkraut
Cardamine pratensis

APRIL–JUNI

Tipp für unterwegs

Ernten Sie die knospigen Triebspitzen kurz vor der Blüte. Sie besitzen dann eine besonders feine Schärfe.

Stängelblatt mit schmalen länglichen Teilblättchen

MERKMALE Die mehrjährige Pflanze wird 30–60 cm hoch. Ihr aufrechter Stängel ist rund, kahl und hohl. Die am Grund stehenden Blätter sind gefiedert mit rundlich eiförmigen Teilblättchen und einem deutlich größeren Endblättchen. Die Stängelblätter sind kleiner, ihre Teilblättchen sind schmal länglich. Die Blüten sind zartlila oder fast weiß. Sie haben 4 kreuzförmig angeordnete Blütenblätter mit dunklen Adern. Die Staubgefäße sind gelb.
VORKOMMEN Häufige Wiesenpflanze auf feuchten Wiesen, an Gewässerufern und in Auwäldern.
VERWERTUNG Das beste Aroma hat die Pflanze vor der Blüte im März und April, danach wird sie immer herber. Zarte Blätter, junge Triebspitzen und Blütenknospen dienen als Gewürz für Suppen, Soßen und Salate. Die ganze Pflanze schmeckt scharf nach Kresse und enthält viel Vitamin C. Frisch von der Wiese ist sie ein gutes Gewürz für Kräuterquark und -butter. Die Blüten dienen als Dekoration für Salate, Suppen und Kräuterquark. Die scharfen Samen sind ein guter Pfefferersatz.

Dornige Hauhechel
Ononis spinosa

JUNI–AUGUST

Tipp für unterwegs

Sammeln Sie die Triebspitzen am besten im April, bevor sich die spitzen Dornen entwickelt haben.

spitze Dornen meist nur im unteren Bereich

MERKMALE Der mehrjährige Halbstrauch wird 30–60 cm hoch. Seine Zweige sind ein- oder zweireihig behaart und mit spitzen Dornen besetzt. Die unteren Blätter sind dreizählig gefiedert. Die Fiederblätter sind eiförmig und am Rand gezähnt. Die rosafarbenen Schmetterlingsblüten stehen meist zu zweit in den Blattachseln. Am unteren Blütenblatt befindet sich ein schnabelartiges Schiffchen.

VORKOMMEN Wächst gern auf trockenen, sonnigen Wiesen sowie an Böschungen und Wegrainen.

VERWERTUNG Die jungen Triebe gibt man fein geschnitten an Salat und in Gemüse. Sie schmecken etwas scharf-würzig und sollten deshalb nur sparsam als Gewürz verwendet werden. Die dekorativen Blüten streut man über Salat. Die süßlich riechende Wurzel wurde einst für die Herstellung von Kräuterlikör genutzt. Sie wird im September und Oktober gegraben. Aus ihr wurde früher auch ein harntreibender Tee hergestellt, der ebenso als Gurgelmittel beliebt war.

Kriechender Günsel
Ajuga reptans

APRIL–JULI

Tipp für unterwegs

Der Kriechende Günsel wird manchmal mit dem Gundermann (→ S. 40) verwechselt. Dieser besitzt zwar ähnliche Blüten, aber ganz andere Blätter.

Lippenblüte mit kaum erkennbarer Oberlippe

MERKMALE Der mehrjährige Günsel wird 15–30 cm hoch. Sein Stängel ist vierkantig und meist zweireihig behaart. Die Grundblätter liegen in einer Rosette dicht am Boden. Sie sind spatelförmig und fast ganzrandig. Die Stängelblätter stehen sich paarweise gegenüber. Die blauen Lippenblüten sitzen zu 2–6 in den Achseln der Stängelblätter. Die Unterlippe ist dreilappig, die Oberlippe fehlt.

VORKOMMEN Günsel wächst weitverbreitet auf Wiesen, an Wegrändern, in Mischwäldern und Gebüschen.

VERWERTUNG Die jungen Sprosse und Blätter nutzt man von April bis Mai sparsam dosiert als Gewürz für Suppen, Salate, Kartoffel- und Eiergerichte. Die knospigen, noch geschlossenen Blütenstände schmecken ähnlich wie Chicorée und entwickeln beim Dünsten ein Pilzaroma. Wem sie zu bitter sind, der legt sie vor dem Verzehr etwa eine halbe Stunde in lauwarmes Wasser. Die ausgezupften Blüten eignen sich gut als essbare Dekoration. Sie sind im Gegensatz zu den herben Blättern etwas milder. Der Günsel ist eine alte Heilpflanze, die früher zum Gurgeln bei Halsentzündungen verwendet wurde.

Gewöhnlicher Gundermann
Glechoma hederacea

MÄRZ–JUNI

Tipp für unterwegs

Sammeln Sie nur die jungen Blätter an den Triebspitzen. Ältere Blätter können einen unangenehm scharfen Nachgeschmack entwickeln.

Blätter nierenförmig und am Rand gekerbt

MERKMALE Die mehrjährige Pflanze wird nur 15–40 cm hoch und kriecht am Boden. Nur die Blütentriebe richten sich senkrecht auf. Der Stängel ist vierkantig. Die Blätter duften würzig. Sie sind nierenförmig bis rundlich herzförmig, gegenständig und am Rand grob gekerbt. In den Blattachseln der oberen Blattpaare sitzen zu zweit bis zu dritt die blauvioletten Lippenblüten.
VORKOMMEN Die Pflanze findet sich häufig auf Wiesen, in Gärten sowie an Weg- und Waldrändern.
VERWERTUNG Die jungen Blätter eignen sich als Würze für Salat, Suppen, Kartoffelgerichte, Quark, Kräuterbutter, Likör und Tee. Sie haben allerdings ein sehr intensives Aroma, weshalb man sie nur sehr sparsam dosiert verwenden sollte. Die milder schmeckenden Blüten dienen als hübsche Speisedekoration. Die beste Erntezeit ist die Zeit von März bis Mai, wenn die Pflanze zu blühen beginnt. Die Blätter waren früher ein wichtiger Bestandteil der traditionellen Gründonnerstagssuppe.

Spitz-Wegerich
Plantago lanceolata

MAI–SEPTEMBER

Tipp für unterwegs

Spitz-Wegerich ist sehr druckempfindlich. Ernten Sie ihn für die Teeproduktion behutsam, damit er sich nicht schwarz verfärbt.

parallel verlaufende Blattnerven

MERKMALE Die mehrjährige Pflanze wird 10–40 cm hoch. Der blattlose Blütenstängel ist gefurcht. Die Blätter stehen in einer bodennahen Rosette. Sie werden 10–20 cm lang, sind schmal lanzettlich und ganzrandig. Deutlich erkennbar sind die längs verlaufenden Blattnerven. Die unscheinbaren, beigebraunen Blüten sitzen in einer Ähre. Auffallend sind die langen weißlichen Staubblätter.
VORKOMMEN Häufig anzutreffen auf Wiesen, Weiden sowie an Wegrändern.
VERWERTUNG Die jungen Blätter erntet man vor der Blüte von März bis Mai. Sie eignen sich für Salat, Gemüse und Suppen. Blätter aus der Rosettenmitte schmecken am besten; nach längerem Dünsten entwickeln sie ein überraschendes, leicht bitteres Pilzaroma. Ältere Blätter eignen sich gut als Hustentee. Der Presssaft der Blätter gilt als »Erste Hilfe« bei Insektenstichen und kleinen Wunden. Die jungen, dunklen Blütenknospen schmecken roh geknabbert oder in Butter gedünstet wie Champignons.

Großer Sauerampfer
Rumex acetosa

APRIL–AUGUST

Tipp für unterwegs

Ernten Sie die jungen Blättchen, bevor der Blütenstängel erscheint. Dann besitzen sie eine feine Säure.

pfeilförmige Blätter mit abwärts gerichteten Spießecken

MERKMALE Die mehrjährige Pflanze wird 30–100 cm hoch. Ihr Stängel ist gefurcht und im unteren Bereich rötlich überlaufen. Die Blätter sind pfeilförmig und besitzen nach hinten gerichtete, spießförmige Ecken. Am Stängelende stehen lockere Blütenstände mit recht unscheinbaren rötlich grünen Blüten.
VORKOMMEN Häufig anzutreffen auf Wiesen, Weiden, an Wegrändern und Gewässerufern.
VERWERTUNG Die jungen Blätter und Blütenknospen sind eine angenehm säuerliche Würze für Salate, Suppen, Soßen, Smoothies, Quark und Kräuterbutter. Am besten schmecken die Blätter vor der Blüte im März und April. Fein geschnitten aufs Butterbrot gestreut, entwickeln sie eine feine Säure, die an Zitronen erinnert. In Frankreich hat die Nutzung des Vitamin-C-reichen Sauerampfers eine lange Tradition. Er gehört auch zu den 7 Kräutern der berühmten Frankfurter Soße. Wegen der in den Blättern enthaltenen Oxalsäure sollte man ihn aber nicht in großen Mengen verzehren.

Gewöhnlicher Frauenmantel
Alchemilla xanthochlora

MAI–SEPTEMBER

Tipp für unterwegs

Nutzen Sie die sich am Blattgrund sammelnden »Tautropfen« als Wiesen-Gesichtswasser. Das erfrischt und hilft bei großporiger Haut.

rundlich nierenförmige Blätter, meist 7-fach gelappt

MERKMALE Die Staude wird 20–50 cm hoch. Der Blütenstängel ist dicht behaart. Die rundlich nierenförmigen Blätter sind wie ein Fächer gefaltet und unterseits behaart. Sie sind sieben- bis elffach gelappt und am Rand spitz gekerbt bis gezähnt. Die Blätter scheiden am Blattrand Wasser aus, das sich am trichterförmigen Blattgrund sammelt. Die kleinen, gelblich grünen Einzelblüten stehen in Knäueln am Stängelende.
VORKOMMEN Häufig anzutreffen im Gebirge, auf Wiesen, Weiden und an Waldrändern.
VERWERTUNG Die jungen, weichen Blätter erntet man von April bis Mai und nutzt sie klein geschnitten in Salat oder als Gemüse. Sie schmecken entfernt nach Kohlrabi. Die Blüten eignen sich als essbare Dekoration oder man verwendet sie zusammen mit den Blättern als Tee. Der Tee erinnert etwas an Schwarztee und gilt als hilfreich bei Menstruationsbeschwerden. Da ältere Blätter wegen der Gerbstoffe im Mund unangenehm zusammenziehend wirken, mischt man sie mit milden Wildkräutern wie Giersch oder Vogelmiere.

Wiesen-Bärenklau
Heracleum sphondylium

JUNI–OKTOBER

Tipp für unterwegs

Vorsicht beim Sammeln: Der Pflanzensaft kann in Verbindung mit Sonne bei empfindlichen Menschen Hautreizungen hervorrufen.

kantiger, borstig behaarter Stängel

MERKMALE Der 50–150 cm hohe Bärenklau ist dicht und borstig behaart. Sein Stängel ist kantig gefurcht. Die großen Blätter sind gefiedert, tief gelappt und am Rand grob gesägt. Die weißen Blüten stehen in Dolden aus 15–30 Strahlen und duften eher unangenehm. Die Randblüten der Döldchen sind deutlich größer als die inneren Blüten.
VORKOMMEN Kommt verbreitet auf Wiesen, an Wegrändern, in Gräben und an Waldrändern vor.
VERWERTUNG Bärenklau ist sehr mineralienreich und Vitamin-C-haltig. Er ist ein unglaublich vielseitiges Wildgemüse mit mild-würzigem Aroma. Die jungen Blätter werden von April bis Mai geerntet und fein gehackt zu Salat, Gemüse, Eierspeisen und Suppen gegeben. Geschälte Blattstängel (Mai bis Juli) sind saftig und durch ihr süßliches Aroma roh eine Delikatesse. Gedünstete Blütenknospen erinnern geschmacklich an Möhren und Sellerie. Die grünen Früchte dienen als aromatisches Gewürz, sollten aber wegen ihres stechenden Geschmacks nur sparsam verwendet werden.

Gewöhnliche Bärwurz
Meum athamanticum

MAI–JUNI

Tipp für unterwegs

Ernten Sie die Wurzel im Herbst oder im zeitigen Frühjahr. Sobald der Blütenstängel erscheint, verliert die Wurzel an Aroma.

Faserschopf an der Stängelbasis

MERKMALE Der mehrjährige Doldenblütler wird 20–50 cm hoch. Zerrieben duftet die Pflanze würzig. Der Stängel ist kahl, hohl, kantig und fein gerillt. Die Blätter sind dunkelgrün und sehr fein gefiedert, mit dichten, langen, haarfeinen Zipfeln. Die Blütendolde besteht aus 5–15 Strahlen. Die Einzelblüten sind gelbweiß und oft rötlich überlaufen.
VORKOMMEN Zerstreut anzutreffen auf Wiesen und Weiden der Mittelgebirge und Alpen.
VERWERTUNG Die zarten Blätter und jungen Blütenknospen schmecken nach Anis und Fenchel. Man kann sie von März bis Mai zum Würzen von Salaten, Suppen, Aufläufen und Quark ernten. Getrocknete Blätter dienen als Gewürz oder als Bestandteil von Kräutersalz. Die im Herbst gegrabene Wurzel eignet sich als Gemüse mit Selleriegeschmack. Früher war sie auch Likörzutat. Bärwurz war einst in manchen Gegenden ein bekanntes Küchengewürz. Leider geriet er in Vergessenheit. Es lohnt sich, die Pflanze in den Garten zu holen.

Kleine Bibernelle
Pimpinella saxifraga

JUNI–
OKTOBER

Tipp für unterwegs

Die Große Bibernelle *(Pimpinella major)* ist genauso verwendbar.

rundliche Fiederblättchen

MERKMALE Der Doldenblütler wird 15–60 cm hoch. Sein runder Stängel ist fein gerillt und flaumig behaart. Die bodennahen Blätter bestehen aus 3–5 Paaren Teilblättchen und einem Endblatt. Sie sind rundlich und gekerbt. Die weißen oder rosa Einzelblüten stehen in einer Dolde.
VORKOMMEN Wächst auf trockenen Wiesen sowie an Wegrändern.
VERWERTUNG Man erntet die jungen Blätter vor der Blüte. Sie schmecken gurkenartig und leicht scharf. Man nutzt sie zum Würzen von Salat, Gemüse und Kräuterbutter. Die herb-süßen Blüten und Früchte eignen sich zum Aromatisieren von Essig und Spirituosen.

Kleines Habichtskraut
Hieracium pilosella

MAI–
OKTOBER

Tipp für unterwegs

Die geschlossenen Knospen kann man gleich am Fundort roh knabbern.

Blätter mit langen Haaren

MERKMALE Die Pflanze wird 10–30 cm hoch. Der Stängel ist blattlos und behaart. Die schmal eiförmigen, leicht blaugrünen Blätter liegen rosettenartig auf dem Boden. Oberseits sind sie lang behaart, unterseits graufilzig. Die gelben Zungenblüten sind unten oft rötlich gestreift.
VORKOMMEN Wächst gern auf sonnigen Wiesen sowie an Wegrainen.
VERWERTUNG Die jungen Blätter erntet man von April bis Mai. Sie eignen sich klein geschnitten für Salat, Quark, Suppen und Gemüse und schmecken wie Salat mit einer herben Note. Blüten und Knospen sind milder und dienen als Dekoration für Salat und Brotaufstriche.

Gewöhnliches Ferkelkraut
Hypochaeris radicata

JUNI–
SEPTEMBER

Tipp für unterwegs

Im April/Mai sind die Blätter besonders zart.

Blätter steif behaart, in Grundrosette

MERKMALE Der Korbblütler wird 20–60 cm hoch. Sein Stängel ist blaugrün und trägt vereinzelt Blattschuppen. Die Blätter liegen in einer Rosette auf dem Boden. Sie sind länglich, fleischig, rauhaarig und am Rand buchtig eingeschnitten. Die Blütenköpfe haben gelbe Zungenblüten.
VORKOMMEN Häufig auf Wiesen und in Rasenflächen.
VERWERTUNG Die jungen Blätter schmecken wie Salat mit einer ganz leicht bitteren Note. Sie eignen sich für Salat, Suppen und Gemüse. Die Blüten und Knospen haben ein sehr mildes Aroma, das ein wenig an Erbsen erinnert. Sie sind eine ideale Dekoration für Salat und Butterbrote. Die im Herbst geernteten Wurzeln dienen als Kaffee-Ersatz.

Magerwiesen-Margerite
Leucanthemum vulgare

MAI–
SEPTEMBER

Tipp für unterwegs

Giftige Verwechslungsart ist vor der Blüte das gelb blühende Jakobs-Greiskraut (→ S. 151). Seine Blätter sind deutlich größer und tief gelappt.

Stängelblätter lanzettlich, gezähnt

MERKMALE Der hübsche Pflanze wird 30–80 cm hoch. Ihr aufrechter Stängel ist etwas behaart. Die bodennahen Blätter sind spatelförmig und am Rand gekerbt, die Stängelblätter lanzettlich und gezähnt. Das große Blütenköpfchen besitzt gelbe Röhrenblüten und 20–25 weiße Strahlenblüten.

VORKOMMEN Häufig auf Wiesen, Weiden sowie an Wegrändern.

VERWERTUNG Von März bis April erntet man die jungen Blätter und Blütentriebe der Rosette. Sie sind dann noch zart und eignen sich gut für Gemüse, Suppen oder Salat. Ältere Blätter werden hart und bitter. Die weißen Strahlenblüten dienen als essbare Dekoration. Die geschlossenen Blütenknospen erinnern geschmacklich an Zucchini und sind in Öl ausgebacken eine Delikatesse. Sie lassen sich auch wie Kapern in Essigwasser einlegen. Im Herbst erntet man die als Gemüse nutzbaren Wurzeln. Ihr Geschmack erinnert an Winterrüben.

Wiesen-Bocksbart
Tragopogon pratensis

MAI–
JULI

Tipp für unterwegs

Den süßlichen Stängel können Sie unterwegs knabbern oder zu Hause wie Spargel dünsten.

Blätter umfassen den Stängel

MERKMALE Dieser Milchsaft führende Korbblütler wird 30–70 cm hoch. Sein aufrechter Stängel ist bläulich grün und glatt. Die grasähnlichen, schmal zugespitzten Blätter sind blaugrün und ganzrandig. Die goldgelbe, sternartige Korbblüte sitzt am Stängelende. Sie schließt sich bereits mittags. Abgeblüht gleicht sie einer Pusteblume.

VORKOMMEN Häufige Pflanze auf Wiesen sowie an Wegrändern.

VERWERTUNG Junge Blätter, Triebe und Stängel erntet man, bis die Pflanze blüht. Sie sind nur leicht bitter, besitzen einen salat- bis spargelartigen Geschmack und passen roh in Salate oder gedünstet in Wildgemüse. Die ausgezupften Blüten eignen sich als Dekoration über Salate gestreut. Die dicht geschlossenen Blütenknospen sind, als Pfannengemüse zubereitet, eine Delikatesse. Sehr lecker ist auch die dicke Pfahlwurzel. Ihr Geschmack erinnert an den von Schwarzwurzeln. Man sollte die Wurzel der zweijährigen Pflanze im Herbst des 1. Lebensjahres oder im Frühjahr des 2. Jahres ernten. Später wird sie holzig.

Wiesen-Glockenblume
Campanula patula

MAI–JULI

MERKMALE Die Pflanze wird 30–60 cm hoch. Ihre bodennahen Blätter sind länglich eiförmig und am Rand leicht gekerbt; die Stängelblätter sind lanzettlich. Die lang gestielten, glockenförmigen Blüten sind blauviolett und in 5 Zipfel gespalten. Sie stehen in lockeren Rispen.
VORKOMMEN Oft auf Wiesen und Waldlichtungen.
VERWERTUNG Die jungen Sprosse und Blätter nutzt man von April bis Mai als Salat oder Gemüse. Sie schmecken sehr mild und erinnern etwas an Erbsen. Die Blüten eignen sich als essbare Dekoration, zum Beispiel für Quarkspeisen oder Vanilleeis. Die im Herbst geernteten, milden Wurzeln waren in Kriegszeiten als Gemüse geschätzt.

Tipp für unterwegs

Alle mitteleuropäischen Glockenblumen-Arten können Sie genauso verwenden.

Blätter am Grund sind eiförmig

Wiesen-Platterbse
Lathyrus pratensis

JUNI–AUGUST

MERKMALE Die kletternde Pflanze wird 30–100 cm hoch. Ihr Stängel ist vierkantig und weich behaart. Die Blätter bestehen aus einer Ranke und 2 lanzettlichen Teilblättchen. Die gelben Blüten stehen in Trauben.
VORKOMMEN Wächst zerstreut auf Wiesen sowie an Waldrändern.
VERWERTUNG Die jungen Blätter schmecken erbsenartig und sind, wie die Triebspitzen, gedünstet ein feines Gemüse. Roh sollte man sie nicht essen und ältere Blätter schmecken unangenehm bitter. Beste Sammelzeit ist April und Mai. Die grünen Samenschoten erntet man im Juli und dünstet sie. Die Pflanze ist sehr reich an Eiweiß.

Tipp für unterwegs

Sammeln Sie nur ganz junge Blätter, denn ältere werden unangenehm bitter.

Blattpaar mit Ranke

Rot-Klee
Trifolium pratense

MAI–SEPTEMBER

MERKMALE Der Rot-Klee wird 15–40 cm hoch. Sein kantiger Stängel ist behaart. Die Blätter bestehen aus 3 eiförmigen Teilblättchen. Sie sind unterseits und am Blattrand behaart. Oberseits haben sie häufig ein helles, v-förmiges Band. Viele purpurrote Blüten vereinigen sich zu kugeligen Köpfchen. Die Einzelblüten duften nach Honig.
VORKOMMEN Sehr häufig anzutreffen auf Wiesen, Weiden und an Wegrändern.
VERWERTUNG Die jungen eiweißreichen Blättchen eignen sich für Gemüse, Suppen und Salat. Ihr Geschmack erinnert an junge Erbsen. Die Blüten nutzt man als essbare Dekoration, gerne auch als Tee oder zum Aromatisieren von Getränken.

Tipp für unterwegs

Die Blätter vor der Blühzeit ernten.

purpurrote Einzelblüte

Weiß-Klee
Trifolium repens

MAI–SEPTEMBER

Tipp für unterwegs

Nicht in großen Mengen roh verzehren, da cyanogene Glykoside enthalten sind.

Blätter am Rand fein gezähnt

MERKMALE Die kriechende Pflanze wird 15–30 cm hoch. Die langstieligen Blätter bestehen aus 3 eiförmigen, fein gezähnten Teilblättchen. Auf der Oberseite haben sie oft eine helle, v-förmige Zeichnung. Die weißen Blüten sind zu kugeligen Köpfchen vereinigt.
VORKOMMEN Sehr häufig auf Rasenflächen sowie auf Wiesen anzutreffen.
VERWERTUNG Die jungen Blätter eignen sich für Gemüse, Suppen und Salat. Sie sind sehr eiweißreich und haben das Aroma von jungen Erbsen. Die Blütenköpfchen ergeben einen blumigen Tee. Zum Aromatisieren von Weißwein oder Apfelsaft lässt man sie einige Stunden ausziehen.

Wiesen-Storchschnabel
Geranium pratense

JUNI–SEPTEMBER

Tipp für unterwegs

Giftige Verwechslungsart ist vor der Blüte der Eisenhut (→ S. 150). Er besitzt ähnliche Blätter.

Frucht mit Schnabel

MERKMALE Die Wiesenpflanze wird 30–70 cm hoch. Ihr aufrechter Stängel ist behaart. Die Blätter sind handförmig und siebenteilig tief eingeschnitten. Sie sind dicht behaart und am Blattrand fiederspaltig. Die blauvioletten fünfzähligen Blüten sitzen meist zu zweien auf einem Stiel. Die Frucht ist schnabelartig verlängert.
VORKOMMEN Häufig auf Wiesen anzutreffen.
VERWERTUNG Die jungen Blätter werden von April bis Juni roh für Salat und gedünstet für Aufläufe, Quiche und wie Spinat genutzt. Sie schmecken sehr mild. Die ausgezupften Blüten eignen sich als farbenfrohe Speisedekoration. Getrocknete Blüten nutzt man für Teemischungen.

Gewöhnliche Braunelle
Prunella vulgaris

JUNI–SEPTEMBER

Tipp für unterwegs

Für Tee erntet man nur das Blütenköpfchen mit dem oberen Blattpaar.

Blütenköpfchen direkt über einem Blattpaar

MERKMALE Der vierkantige Stängel ist niederliegend, die Blütentriebe richten sich 15–30 cm auf. Die Blätter stehen sich paarweise gegenüber. Die Blätter sind eiförmig, gestielt und meist ganzrandig. Die blauvioletten Blüten haben eine helmförmige Ober- und eine dreilappige Unterlippe und bilden einen ährenförmigen Blütenstand.
VORKOMMEN Häufig an Wegrändern, auf Wiesen sowie auf Waldlichtungen.
VERWERTUNG Junge Blätter und Triebe erntet man vor der Blüte ab April. Fein gehackt würzen sie Salat, Suppen, Kräuterbutter. Weil sie herb-bitter schmecken, setzt man sie sparsam ein. Die Blütenköpfchen eignen sich für Tee.

Wiesen-Salbei
Salvia pratensis

MAI–
AUGUST

Tipp für unterwegs

Sammeln Sie um die Mittagszeit, dann besitzen Blätter und Blüten das stärkste Aroma.

große Lippenblüte mit sichelförmiger Oberlippe

MERKMALE Der 30–60 cm hohe Lippenblütler duftet beim Zerreiben aromatisch. Der Stängel ist vierkantig, hohl und behaart. Er fühlt sich oben etwas klebrig an. Die meisten Blätter stehen am Grund in einer Rosette. Sie sind runzelig, eiförmig, zugespitzt und am Rand unregelmäßig gekerbt. Die blauvioletten Blüten sitzen zu 4–6 in Etagen übereinander. Ihre Oberlippe ist seitlich zusammengedrückt, die Unterlippe dreiteilig.
VORKOMMEN Wächst häufig auf trockenen Wiesen sowie an Wegrainen.
VERWERTUNG Die Blätter nutzt man sparsam dosiert als Gewürz für viele Speisen. Sie haben einen leicht bitteren, aber würzigen Geschmack. Die zart-süßen Blüten eignen sich zum Aromatisieren von Essig und Wein. Aus den Kelchen gezupft sind sie – um Kräuterbutter gesteckt oder in Pfannkuchenteig gerührt – eine hübsche Dekoration. Man stellt aus ihnen auch einen blauen Sirup her. Blätter und Blüten ergeben frisch oder getrocknet einen wohlschmeckenden Tee.

Schlangen-Wiesenknöterich
Bistorta officinalis subsp. *officinalis*

MAI–
AUGUST

Tipp für unterwegs

Schlangen-Wiesenknöterich wächst meist flächendeckend. Wenn Sie einen Bestand entdeckt haben, können Sie reichlich ernten.

schlangenartiger Wurzelstock

MERKMALE Dieser Knöterich wird 30–120 cm hoch. Sein hohler Stängel ist unverzweigt und knotig. Die Blätter sind wechselständig. Sie haben eine weiße Mittelrippe und sind länglich eiförmig und am Rand wellig. Ihre Oberseite ist dunkel-, die Unterseite graugrün. Die unteren Blätter haben einen langen geflügelten Stiel, die oberen sitzen direkt am Stängel. Die rosa Blüten stehen in einer walzenförmigen Ähre am Stängelende.
VORKOMMEN Bildet oft große Bestände auf feuchten Wiesen, an Ufern und in Auwäldern.
VERWERTUNG Der Wiesenknöterich ist ein sehr feines Wildgemüse. Junge Blätter und Stiele besitzen vor der Blüte einen mild-säuerlichen spinatähnlichen Geschmack. Man erntet sie von April bis Juni für Salat, Aufläufe, Reisgerichte und als Spinat. Der schlangenartig gewundene Wurzelstock wurde in Notzeiten getrocknet und gemahlen unter das Mehl gemischt. Ab August kann man die nussig schmeckenden Samen roh essen.

Pfennigkraut

Lysimachia nummularia

JUNI–JULI

Tipp für unterwegs

Besonders zart sind die Blättchen, wenn man sie vor der Blüte erntet.

niederliegender Stängel mit runden Blättern

MERKMALE Das Pfennigkraut wächst flach und kriechend über dem Boden. Es wird 5–30 cm hoch. Der Stängel ist kahl. Die runden bis ovalen Blätter stehen sich paarweise gegenüber und sind ganzrandig. Die Blüten stehen einzeln in den Blattachseln. Die 5 zitronengelben Blütenblätter sind oft rötlich gepunktet.

VORKOMMEN Findet man häufig teppichartig wachsend auf Wiesen, in Gärten, an Wegrändern und Gräben.

VERWERTUNG Die kleinen Blätter sind fast ganzjährig verwertbar und eignen sich fein gehackt gut für Salat, Gemüse, Kräuterquark oder direkt aufs Butterbrot gestreut. Ihr Geschmack ist leicht säuerlich und erinnert etwas an Spargel. Da die Blatternte nicht sehr ergiebig ist, kann man Pfennigkraut mit Giersch oder Vogelmiere mischen. Die Blüten sind eine hübsche, essbare Dekoration. Das blühende Kraut ergibt einen schmackhaften Tee. Früher war das Pfennigkraut eine Heilpflanze, die zur Wundversorgung und bei Husten eingesetzt wurde.

Kleiner Wiesenknopf

Sanguisorba minor

MAI–JUNI

Tipp für unterwegs

Wird vor der Blüte gelegentlich mit dem Großen Wiesenknopf (→ S. 58) verwechselt. Dieser ist aber auch essbar.

kugeliges Blütenköpfchen mit männlichen und weiblichen Blüten

MERKMALE Der Kleine Wiesenknopf wird 20–70 cm hoch. Sein Stängel ist kantig, die Blätter stehen in einer Rosette am Boden. Sie sind unpaarig gefiedert und bestehen aus 11–15 rundlich ovalen Teilblättchen, die am Rand grob gekerbt sind. Die Blüten sitzen in einem runden Köpfchen. Sie sind zuerst grünlich, später rötlich überlaufen.

VORKOMMEN Wächst bevorzugt auf trockenen Wiesen, an Wegrändern und auf Böschungen.

VERWERTUNG Die jungen Blätter und die zarten Triebspitzen eignen sich fein gehackt als Gewürz für Salat, Kräuterquark, Eierspeisen und Suppen – oder man legt sie einfach auf ein Butterbrot. Man erntet die Blätter von April bis Mai. Am besten schmecken sie roh, denn das zarte, gurkenähnliche Aroma geht beim Kochen verloren. Die jungen Blütenstände eignen sich als Beigabe zu gedünstetem Sommergemüse. Der Kleine Wiesenknopf ist sehr vitaminreich. Er wurde früher als Würzpflanze unter dem Namen »Pimpinelle« häufig angebaut.

Großer Wiesenknopf
Sanguisorba officinalis

JUNI–SEPTEMBER

Tipp für unterwegs

Sammeln Sie die jungen Blätter von März bis April, dann schmecken sie am besten.

braunrote Blütenköpfchen und gefiederte Blätter

MERKMALE Der Große Wiesenknopf wird 60–150 cm hoch. Sein Stängel ist hohl und gerillt. Die meisten Blätter stehen in einer Rosette am Boden. Sie sind gefiedert, besitzen 3–7 Blattpaare und ein Endblatt. Die Teilblättchen sind länglich und am Rand spitz gesägt. Oberseits sind sie glänzend grün, unterseits matt graugrün. Die Blüten bilden ein kugeliges Köpfchen. Sie sind braunrot bis purpurn.
VORKOMMEN Man findet die Pflanze häufig auf feuchten Wiesen und Flachmooren.
VERWERTUNG Die jungen Blätter und Triebe eignen sich als Gewürz für Salate und Suppen. Am besten schmecken die Blätter roh, denn das Aroma geht beim Kochen verloren. Der Große Wiesenknopf ist weniger würzig und etwas zäher als der Kleine Wiesenknopf. Der Tee aus den Blättern war einst ein beliebtes Gurgelmittel bei Entzündungen in Mund und Rachen. Die Pflanze enthält viel Vitamin A und C. Auch die im Herbst gegrabene Wurzel ist nutzbar – entweder zum Aromatisieren von Spirituosen oder gemahlen als Gewürz.

Kleinblütiges Wiesen-Labkraut
Galium mollugo

MAI–AUGUST

Tipp für unterwegs

Ernten Sie die jungen Triebe vor der Blüte, dann schmecken sie am besten.

meist stehen 8 Blätter in einem Quirl

MERKMALE Das Kleinblütige Wiesen-Labkraut ist mehrjährig und wird 30–100 cm hoch. Der Stängel ist vierkantig und glatt. Die Blätter stehen etagenweise meist zu 8 in Quirlen um den Stängel. Sie sind länglich bis verkehrt eiförmig und zugespitzt. Die Blüten sind klein und stehen in Rispen. Sie haben 4 weiße Blütenblätter und 4 Staubbeutel.
VORKOMMEN Wächst häufig auf Wiesen, Weiden sowie an Wegrainen.
VERWERTUNG Die jungen Blätter und saftigen Triebspitzen eignen sich sehr gut für Salat, Pesto, Smoothies und Gemüse. Die Frühlingstriebe schmecken mild salatartig mit einem Nachklang, der an Maiskölbchen erinnert. Sie gehören zu den allerersten Frühlingsgemüsen, die schon ab März gesammelt werden können. Die honigduftenden, leicht süßlichen Blüten dienen als Speisedekoration und zum Aromatisieren von Limonaden. Aus ihnen lässt sich auch ein wohlschmeckender Tee zubereiten, der den Stoffwechsel in Schwung bringt.

Echtes Labkraut
Galium verum

JUNI–SEPTEMBER

Tipp für unterwegs

Sammeln Sie die duftenden Blüten um die Mittagszeit, dann haben sie das beste Aroma.

nadelartige spitze Blätter

MERKMALE Das Echte Labkraut wird 20–70 cm hoch. Der Stängel ist rundlich und besitzt 4 erhabene Leisten. Die kleinen Blätter sind nadelförmig, stachelspitz, am Rand nach unten umgerollt und an der Unterseite weich behaart. Sie stehen zu 8–12 in einem Quirl rund um den Stängel. Die verzweigten Blütenstände bestehen aus kleinen goldgelben, nach Honig duftenden winzigen Blüten.
VORKOMMEN Besiedelt gerne trockene Wiesen, Böschungen sowie Wegraine.
VERWERTUNG Die Blätter und Triebspitzen eignen sich gut für Salat und Gemüse. Der Geschmack der jungen Triebe ist mild salatartig. Man erntet sie von April bis Mai. Die duftenden Blüten eignen sich zum Aromatisieren von Getränken. Dazu legt man sie einige Stunden in Apfelsaft ein. Das blühende Kraut ergibt einen kräftigen Tee, der in der Volksheilkunde wegen seiner harntreibenden Wirkung beliebt war. Früher wurde Labkraut wegen der milchgerinnenden Wirkung statt tierischem Lab zur Käseherstellung verwendet.

Wiesen-Kümmel
Carum carvi

APRIL–JUNI

Tipp für unterwegs

Giftige Verwechslungsarten sind der Gefleckte Schierling (→ S. 148) und die Hundspetersilie (→ S. 149). Sammeln Sie Wiesen-Kümmel daher nur, wenn Verwechslungen ausgeschlossen sind!

die untersten Seitenfiedern bilden am Stängel ein Kreuz

MERKMALE Die zweijährige Pflanze wird 30–70 cm hoch. Der von Grund an verzweigte Stängel hat Längsrillen. Die kahlen Blätter sind mehrfach gefiedert und bestehen aus schmalen, zipfeligen Teilblättchen. Beim Zerreiben duften sie möhrenähnlich. Die Blütendolde besteht aus kleinen weißen, manchmal rötlich angehauchten Einzelblüten. Die Dolde besteht aus 8–15 Döldchen. Die Früchte setzen sich aus 2 sichelförmigen, gerippten Teilfrüchten zusammen, die beim Zerdrücken stark nach Kümmel duften.
VORKOMMEN Verbreitet auf Wiesen und Weiden, vor allem im Gebirge.
VERWERTUNG Von April bis Mai sammelt man die jungen, aromatischen Blätter als Gewürz für Salate. Die Blüte nutzt man als essbare Dekoration. Kümmelfrüchte sind ein herzhaftes Gewürz für Brot, Käse und Kartoffeln. Sie sind Bestandteil von Teemischungen und Spirituosen. Ab August kann man sie sammeln und trocknen. Auch die Wurzel wurde früher gegessen.

Wiesen-Flockenblume
Centaurea jacea

JUNI–OKTOBER

Tipp für unterwegs

Zupfen Sie die neutral schmeckenden Blüten aus dem Kelch, denn dieser ist etwas bitter.

Blätter lanzettlich

MERKMALE Der Korbblütler wird 30–100 cm hoch. Sein kantiger Stängel ist oben verzweigt. Die Blätter sind lanzettlich, der Blattrand ganz fein gezähnt. Die purpurroten Blütenblätter sind tief eingeschnitten. Die Randblüten sind größer als die inneren. Das Blütenköpfchen ist von schuppenförmig angeordneten Hüllblättern umhüllt.
VORKOMMEN Auf Wiesen, Weiden und an Wegrainen.
VERWERTUNG Die ausgezupften Blüten eignen sich frisch oder getrocknet als essbare Dekoration von Süßspeisen und Salaten oder als dekorative Zutat in Kräuterteemischungen. Die bitter schmeckenden Blätter wurden früher als Hopfenersatz zum Bierbrauen genommen.

Wiesen-Witwenblume
Knautia arvensis

JULI–AUGUST

Tipp für unterwegs

Legen Sie die Blätter nach der Ernte 1 Stunde in lauwarmes Wasser, um die Bitterstoffe zu mildern.

gefiederte Stängelblätter

MERKMALE Die hübsche Pflanze wird 30–80 cm hoch. Der Stängel ist unter der Blüte abstehend behaart. Die behaarten Blätter stehen sich paarweise gegenüber. Die oberen sind stark fiederspaltig, die unteren sind ungeteilt. Am Stängelende stehen die blauvioletten, manchmal rotvioletten Blütenköpfchen. Die Randblüten sind größer als die innen stehenden Blüten.
VORKOMMEN Häufig auf Wiesen und an Wegrainen.
VERWERTUNG Die Blätter schmecken bitter, aber würzig. Man erntet sie vor der Blüte und gibt sie klein geschnitten in Salate. Nur sparsam verwenden. Die dekorativen, mild schmeckenden Blüten passen in Salate und Süßspeisen.

Arznei-Thymian (Quendel)
Thymus pulegioides

JUNI–SEPTEMBER

Tipp für unterwegs

Ernten Sie mittags, denn um diese Zeit produziert die Pflanze besonders viel ätherisches Öl.

rosa Blüte mit purpurfarbenem Kelch

MERKMALE Die aromatisch duftende Pflanze wird 5–20 cm hoch. Ihr Stängel kriecht über den Boden. Er ist vierkantig, die Kanten sind behaart. Die Blätter stehen sich paarweise gegenüber. Sie sind klein und oval. Die Blütenstände aus kleinen zartrosa Einzelblüten sitzen am Stängelende.
VORKOMMEN Wächst gerne auf trockenen Wiesen, an Böschungen sowie sandigen oder felsigen Standorten.
VERWERTUNG Blätter und Blüten nimmt man frisch oder getrocknet als thymianähnliches Gewürz. Sie eignen sich auch für Tee. Er schmeckt gut und hilft bei Husten. Mit den Blütentrieben aromatisiert man Likör, Essig oder Kräuteröl.

Wilde Möhre

Daucus carota subsp. *carota*

JUNI–SEPTEMBER

Tipp für unterwegs

☠ Giftige Verwechslungsarten vor der Blüte sind Gefleckter Schierling (→ S. 148) und Hundspetersilie (→ S. 149). Sammeln Sie nur, wenn Verwechslungen ausgeschlossen sind.

schwarze Blüte in der Doldenmitte

MERKMALE Die Wildform der Möhre wird 30–90 cm hoch und riecht beim Zerreiben möhrenartig. Ihr Stängel ist gefurcht, mit Mark gefüllt und steif behaart. Die Blätter sind mehrfach gefiedert und vor allem am Blattstiel fein behaart. Die Fiedern sind schmal lanzettlich mit stachelspitzen Zipfeln. Die Blüte entwickelt sich erst im 2. Jahr. Die kleinen weißen Blüten stehen in Dolden. Inmitten der Dolde sitzt eine schwärzlich dunkelrot gefärbte Blüte – die »Mohrenblüte«. Die Hüllblätter direkt unter der Dolde sind ungewöhnlich lang. Zur Samenreife erinnert der Fruchtstand an ein Vogelnest.

VORKOMMEN Wächst gerne auf trockenen Wiesen sowie an Wegrändern.

VERWERTUNG Die jungen Blätter eignen sich als petersilienartige Würze für Salate und Suppen. Die Blütendolden kann man in Teig frittieren. Die würzige weiße Wurzel nutzt man als Gemüse. Sie muss gesammelt werden bevor der Blütentrieb erscheint, nur dann ist sie zart. Die Pflanze enthält viel Provitamin A.

Echter Pastinak

Pastinaca sativa

JULI–SEPTEMBER

Tipp für unterwegs

Die Wurzeln sind nur vor der Blüte genießbar. Sie werden im Herbst des 1. Jahres oder im Frühjahr des 2. Jahres geerntet.

fleischige Wurzel mit Möhrenduft

MERKMALE Der bis zu 120 cm hohe Pastinak riecht beim Zerreiben angenehm nach Petersilie und Möhre. Sein Stängel ist kantig gefurcht und wenig behaart. Die Blätter sind einfach gefiedert. Ein Blatt setzt sich aus 2–7 gegenüberstehenden Blattpaaren und einem einzelnen Endblatt zusammen. Die Teilblättchen sind eiförmig und ungleichmäßig gesägt. Die Blütendolde besteht aus 5–20 Strahlen mit kleinen gelben Einzelblüten. Die Früchte sind linsenförmig und gelbbraun.

VORKOMMEN Wächst gerne auf trockenen Wiesen, Brachland und an Wegrändern.

VERWERTUNG Die von April bis Juni geernteten Blätter eignen sich als Würze für Suppen, Salat und Kräuterbutter. Die Blüten nutzt man als aromatische Speisedekoration und als Tee. Die getrockneten Samen kann man als Gewürz verwenden. Die gelblich weißen Wurzeln ergeben ein feines Gemüse mit süßlichem Geschmack und einem Duft nach Petersilienwurzel. Wenn die zweijährige Pflanze im zweiten Jahr zur Blüte kommt wird die Wurzel ungenießbar.

Am Wasser

Dazu zählen alle feuchten Standorte: Moore, Sümpfe und die Randbereiche von Seen, Flüssen und Gräben. Brunnenkresse und Wasserlinse haben sich die offene Wasserfläche als Lebensraum gesucht, andere, wie das Scharbockskraut, siedeln an feuchten Gewässerrändern.

Echte Brunnenkresse
Nasturtium officinale

APRIL–AUGUST

Tipp für unterwegs

Probieren Sie das vitaminreiche Kraut mit Kressearoma.

dunkelgrüne fleischige Blätter

MERKMALE Die Pflanze wird 30–80 cm lang. Ihr kantiger Stängel ist hohl. Die Blätter setzen sich aus 5–9 glänzend dunkelgrünen Teilblättchen zusammen. Sie sind herzförmig, das Endblättchen ist vergrößert. Die weißen Blüten besitzen gelbe Staubbeutel.
VORKOMMEN Wächst in großen Beständen in klaren Fließgewässern.
VERWERTUNG Man nutzt das beliebte Wildgemüse roh in Salat, Suppen, Pesto, Kräuterquark und -butter oder mixt es mit Buttermilch. Es schmeckt kresseartig scharf und leicht bitter. Die Pflanze enthält sehr viel Vitamin A und C. Aus den kleinen Samen kann man Senf zubereiten.

Kleine Wasserlinse
Lemna minor

APRIL–JUNI

Tipp für unterwegs

Nur aus sauberen Gewässern entnehmen! Vor Gebrauch gut abwaschen.

fadenartige Wurzeln

MERKMALE Wasserlinsen bilden grüne Teppiche auf der Wasseroberfläche. Oft hängen mehrere blattartige ovale Sprossglieder zusammen. Jedes Glied besitzt eine ca. 10 cm lange fadenförmige Wurzel. Auf der Oberseite sind die Sprossglieder graugrün bis hellgrün, im Winter auch rötlich.
VORKOMMEN Wächst sowohl in stehenden als auch in langsam fließenden Gewässern.
VERWERTUNG Man verwendet die sehr eiweißreiche Pflanze samt Wurzel. Zur Ernte schöpft man sie im Frühjahr mit einem Sieb von der Oberfläche ab. Mit ihrem milden, salatartigen Aroma schmeckt sie als spinatartiges Gemüse oder als Salatzutat.

Bachbungen-Ehrenpreis
Veronica beccabunga

MAI–AUGUST

Tipp für unterwegs

Nur an sauberen Gewässern sammeln und vor Gebrauch gründlich waschen.

fleischige Blätter mit gekerbtem Blattrand

MERKMALE Die 10–60 cm hohe Staude wächst teppichartig. Der runde Stängel ist meist niederliegend und rötlich bereift. Die fleischigen, ovalen, glänzend grünen Blätter stehen sich gegenüber und sind rundlich gekerbt. Die blauvioletten Blüten haben dunkle Adern und sitzen traubenförmig in den oberen Blattachseln.
VORKOMMEN Wächst häufig an Gräben und Ufern.
VERWERTUNG Blätter und Triebspitzen eignen sich vor der Blüte als Gewürz für Salat, Quark, Suppen und Gemüse. Sie schmecken scharf-würzig und sind sehr vitaminhaltig. Wegen ihrer leicht bitteren Note verwendet man sie sparsam. Die Blüten sind hübsch als essbare Dekoration.

Gewöhnliches Schilf
Phragmites australis

JULI–SEPTEMBER

Tipp für unterwegs

Die beste Sammelzeit für die Wurzeln ist der Herbst oder das zeitige Frühjahr.

weißer Haarkranz am Blattgrund

MERKMALE Das mehrjährige Süßgras wird bis zu 3 m hoch. Die langen, zugespitzten Blätter sind graugrün und haben einen scharfen Blattrand. Am Blattgrund befindet sich ein weißer, steifer Haarkranz. Die stark verzweigte Blütenrispe ist rotbraun.
VORKOMMEN Findet sich häufig an Fluss- und Seeufern sowie in Sümpfen.
VERWERTUNG Schilf ist mit dem asiatischen Bambus verwandt und lässt sich ähnlich verwenden (Bambussprossen). Die jungen Triebe sammelt man von April bis Mai und nutzt sie geschält für Gemüsegerichte. Hat man die äußeren Blätter entfernt, erhält man ein helles, zartes Gemüse. Die Triebe schmecken mild-süß und können auch roh in Salate gegeben werden. Man kann aus ihnen auch einen süßlichen Pflanzenfrischsaft pressen. Die jungen weißen Wurzeln wurden früher getrocknet und zu Mehl verarbeitet. Da sie sehr stärkereich sind, lässt sich aus gerösteten Wurzelstückchen ein Kaffee-Ersatz herstellen.

Japanischer Flügelknöterich
Fallopia japonica

JULI–SEPTEMBER

Tipp für unterwegs

Ernten Sie die daumendicken Triebe im Frühjahr, wenn sie etwa 15 cm hoch sind. Dann sind sie besonders mild.

ährenähnliche Blütenstände

MERKMALE Die eingebürgerte Pflanze wird bis zu 3 m hoch und vermehrt sich vor allem über Wurzelausläufer. Sie besitzt dicke, hohle Stängel, die oft rötlich überlaufen sind. Die ledrigen, ganzrandigen Blätter sind breit eiförmig und oben zugespitzt. In ährenähnlichen Blütenständen sitzen weiß-hellgrüne Blüten.
VORKOMMEN Wächst oft großflächig an Fluss- und Bachufern.
VERWERTUNG Die jungen, hellen Frühjahrssprosse erntet man von März bis April. Dann sind sie noch weiß und schmelzend zart. Sie sind vielseitig zu verwenden. Man kann sie gedünstet zu Gemüse, Antipasti oder Chutney verarbeiten. Sie lassen sich aber auch gesüßt für Kuchen und Fruchtaufstriche nutzen. Ihr Geschmack ist gleichzeitig säuerlich und süß und erinnert etwas an Rhabarber. Die im September geernteten Wurzeln verarbeitet man geschält zu Gemüse. Flügelknöterich sollte man nicht in großen Mengen verzehren, da er viel Oxalsäure enthält und zudem leicht abführend wirkt.

Scharbockskraut
Ranunculus ficaria

MÄRZ–MAI

Tipp für unterwegs

Scharbockskraut zählt zum ersten Frühlingsgrün. Beste Sammelmonate sind Februar und März. Die leckeren Brutknospen erscheinen im April.

nierenförmige Blätter mit gekerbtem Rand

MERKMALE Die mehrjährige Pflanze wird 5–20 cm hoch. Ihr kahler Stängel liegt meist am Boden. Die fleischigen Blätter sind lang gestielt, herz- bis nierenförmig, oberseits glänzend grün und haben einen schwach gekerbten Rand. In den Blattachseln entwickeln sich weizenkorngroße weiße Brutknospen. Die sternförmigen Blüten besitzen 8–12 glänzend gelbe Blütenblätter und zahlreiche Staubblätter.
VORKOMMEN Wächst häufig in Auwäldern, an Ufern, Bachläufen und auf feuchten Wiesen.
VERWERTUNG Die Blätter eignen sich als Zutat für Salate, Suppen, Smoothies und Quark. Die frisch-säuerlichen, leicht scharfen Blätter enthalten viel Vitamin C. Sie wurden deshalb früher bei Skorbut (Vitamin-C-Mangel) gegessen. Die nussig schmeckenden Brutknospen mischt man unter Gemüsegerichte. Man sollte die Blätter sparsam verwenden und nur vor der Blüte sammeln, danach werden sie brennend scharf. Das schwach giftige Protoanemonin entwickelt sich erst ab Ende März mit zunehmender Blühaktivität. Die Brutknopsen und Wurzelknöllchen enthalten besonders viel Protoanemonin, was sich jedoch durch Erhitzen oder Trocknen abbaut.

Breitblättriger Rohrkolben
Typha latifolia

JULI–AUGUST

Tipp für unterwegs

Die jungen Triebe werden von April bis Mai geerntet. Die äußeren Blätter schält man vor Gebrauch ab.

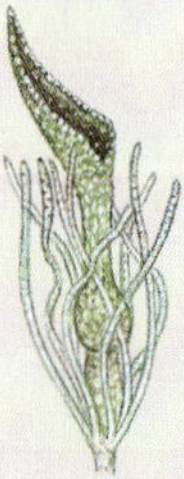

weibliche Blüte

MERKMALE Die mehrjährige Pflanze wird bis zu 2 m hoch. Der aufrechte Stängel ist rund. Die langen blaugrünen Blätter sind linealisch und ca. 2 cm breit. Ein 30 cm langer Kolben bildet den auffälligen Blütenstand. Im oberen Teil sitzen die kleinen, blassen männlichen Blüten, im unteren Teil die schwarzbraunen weiblichen Blüten. Der Rohrkolben hat einen armdicken Wurzelstock.
VORKOMMEN Wächst häufig in Mooren sowie an den Ufern von Gewässern.
VERWERTUNG Die jungen Frühlingssprosse werden wie Spargel geschält und gedünstet. Sie schmecken wie Bambussprossen. Die stärkehaltigen, faserigen Wurzeln kann man zu einem Mus kochen. Anschließend passiert man sie durch ein Sieb. Der Geschmack erinnert etwas an Esskastanien. Die Wurzeln werden im Herbst oder Frühjahr geerntet. Früher hat man sie getrocknet, gemahlen und damit das Mehl gestreckt. Man kann das Mehl aus den Wurzeln auch zum Binden von Soßen verwenden. Die Samenstände wurden früher als Zunder verwendet.

Kohl-Kratzdistel

Cirsium oleraceum

JUNI–SEPTEMBER

Tipp für unterwegs

Ernten Sie die Wurzeln am besten im Herbst des 1. Lebensjahres der Pflanze. Dann sind sie noch zart und schmecken am besten.

Blütenkörbchen mit blassgelben Röhrenblüten

MERKMALE Die mehrjährige Distel wird 30–150 cm hoch. Der stachellose Stängel ist hohl und gefurcht. Die Blätter sind unregelmäßig eingeschnitten, gezähnt und an den Rändern mit Stacheln besetzt. Die Stacheln sind weich und stechen kaum. Die hellgelben Blütenköpfchen sitzen aufrecht an der Spitze des Stängels und sind mit kohlblattähnlichen, bleichen Deckblättern umgeben.
VORKOMMEN Die Pflanze wächst gern auf feuchten Wiesen, an Ufern und Gräben.
VERWERTUNG Blätter und frische Triebe können vor der Blüte zu Salat, Suppen und Gemüsegerichten verarbeitet werden. Solange sie jung sind, schmecken sie angenehm mild und zart. Will man sie roh essen, schneidet man die Stacheln zuvor ab. Vor der Blüte kann man auch die geschälten Stängel verwenden. Die Blütenköpfe eignen sich für einen mild-bitteren Likör. Der Boden des Blütenköpfchens ist eine besondere Delikatesse, man bereitet ihn wie Artischocken zu. Die Wurzeln kann man sowohl roh als auch gedünstet essen.

Kuckucks-Lichtnelke

Silene flos-cuculi

MAI–JULI

Tipp für unterwegs

Zupfen Sie die schönen Blütenblätter vorsichtig aus dem Kelch. Sie sind nicht nur optisch ein Genuss.

viergeteilte Blütenblätter

MERKMALE Das mehrjährige Nelkengewächs wird bis zu 80 cm hoch. Der Stängel ist manchmal rötlich gefärbt. Die Blätter stehen sich paarweise gegenüber. Sie sind lanzettlich, typisch ist der erhabene Nerv an der Blattunterseite. Die rosa Blüten stehen in gabeligen Blütenständen. Die 5 Blütenblätter sind tief viergeteilt und besitzen schmale Zipfel.
VORKOMMEN Findet sich häufig auf feuchten Wiesen sowie auf Sumpf- und Moorwiesen.
VERWERTUNG Die jungen Blätter schmecken vor der Blüte als Zutat für Salate. Später werden sie etwas bitter. Wegen der enthaltenen Saponine sollte man sie nicht in großen Mengen verzehren. Die Blüten sind eine vorzügliche essbare Dekoration. Sie schmecken leicht süßlich. Man streut sie über Salate, süße Quarkspeisen oder Brotaufstriche. Kräuterbutter sieht hübsch aus, wenn man sie in den ausgezupften Blütenblättern wälzt. Die Blüten eignen sich auch getrocknet als Farbtupfer in Teemischungen.

Wasserpfeffer-Knöterich
Persicaria hydropiper

JULI–SEPTEMBER

Tipp für unterwegs

Sammeln Sie die Blätter vor der Blüte, sonst werden sie sehr herb.

Blätter lanzettlich und kurz gestielt

MERKMALE Der einjährige Wasserpfeffer-Knöterich wird 30–60 cm hoch. Die lanzettlichen Blätter sind kurz gestielt und haben häufig dunkle Flecken. Der Blattrand ist bewimpert. Am Stängel sitzt eine etwas aufgeblasene, gezähnte Blattscheide. Die dünne, lockere Blütenähre setzt sich aus hellrosa oder grünlich weißen Blüten zusammen.
VORKOMMEN Wächst verbreitet an Gräben, Ufern sowie an Waldwegen.
VERWERTUNG Der Samen dieser scharf schmeckenden Pflanze wurde früher als Pfefferersatz eingesetzt. Die jungen Blätter können von März bis Juni als scharfes Gewürz für Kräuterquark, Kräuterbutter oder Pesto verwendet werden. Wegen der Schärfe sollte man sie jedoch sehr vorsichtig dosieren. Beim Erhitzen und Trocknen geht ein Großteil der Schärfe verloren. Die spitzkugeligen Samen sammelt man ab September und nutzt sie als pfefferartiges Gewürz – sie geben beispielsweise einem Wildkräutersalz die nötige Schärfe.

Wasser-Minze
Mentha aquatica

JULI–SEPTEMBER

Tipp für unterwegs

Ernten Sie die Minze, wenn sich die ersten Blüten zu öffnen beginnen und der Rest noch im Knospenstadium ist – das Aroma ist dann am besten.

kugelige Blütenquirle

MERKMALE Die 30–80 cm hohe Staude duftet aromatisch nach Minze. Ihr vierkantiger Stängel ist an den Kanten dicht behaart und rötlich überlaufen. Die breit ovalen Blätter stehen sich paarweise gegenüber, sind beidseitig behaart und am Rand gesägt. Lila bis rosafarbene Blüten sitzen in rundlichen, dichten Köpfchen am Stängelende und in den Achseln der oberen Blätter.
VORKOMMEN Findet sich häufig an Gräben, Ufern sowie auf sumpfigen Wiesen.
VERWERTUNG Die frischen Blättchen verleihen süßen Quarkspeisen eine erfrischende Note. Besonders gut passen sie zu Schokoladendesserts. Die Blätter können mit Schokoladenkuvertüre bepinselt werden – ein minziger Genuss. Die Blätter und Blüten eignen sich zum Aromatisieren von Limonade, Likör und Spirituosen. Außerdem nutzt man sie frisch oder getrocknet für einen feinen, mild-minzigen Tee. Er schmeckt insgesamt etwas milder als der bekannte Pfefferminztee und ist hilfreich bei Übelkeit und Magenkrämpfen.

Gewöhnlicher Gilbweiderich

Lysimachia vulgaris

JUNI–
AUGUST

Tipp für unterwegs

Wer beim Spaziergang gern ein Sauerampferblättchen genießt, dem schmeckt auch der Gilbweiderich.

Blätter oft zu dritt

MERKMALE Die mehrjährige Pflanze wird 60–150 cm hoch. Ihr aufrechter Stängel ist leicht kantig, kurz behaart und im oberen Drittel verzweigt. Die länglichen, ganzrandigen Blätter stehen gegenständig oder in Quirlen zu dritt bis zu viert. Der Blütenstand ist rispenartig. Die Einzelblüte besitzt 5 ovale gelbe Blütenblätter und 5 behaarte Staubblätter. Am Grund sind die Blütenblätter etwas rötlich.
VORKOMMEN Wächst gerne an Gräben, Ufern sowie in Auwäldern.
VERWERTUNG Die jungen Blätter des Gilbweiderichs eignen sich fein gehackt als Zutat für Suppen, Spinatgerichte oder Kräuterquark und Kräuterbutter. Sie sollten von April bis Mai geerntet werden. Die Blüten streut man als essbare Dekoration über Salate oder Brotaufstriche. Blätter und Blüten schmecken frisch-säuerlich und erinnern ein wenig an Sauerampfer. Wenn man junge Triebe entsaftet, bekommt man einen erfrischend säuerlichen Saft, den man gut mit Apfelsaft mischen kann.

Blut-Weiderich

Lythrum salicaria

JULI–
SEPTEMBER

Tipp für unterwegs

Sammeln Sie im Juli die Blüten und kochen Sie daraus einen rötlichen Sirup.

Blüte mit 6 schmalen Blütenblättern

MERKMALE Die mehrjährige Pflanze wird 50–150 cm hoch. Der Stängel ist aufrecht und vierkantig. Die Blätter stehen sich gegenüber oder zu dritt in Quirlen. Sie sind lanzettlich und sitzen direkt am Stängel. Die Blattnerven an der Blattunterseite treten deutlich hervor. Die purpurroten Blüten stehen in einem ährenartigen Blütenstand. Unter jedem Blütenquirl befinden sich kleine Blätter.
VORKOMMEN Häufig anzutreffen an Gräben, Ufern sowie auf nassen Wiesen.
VERWERTUNG Die jungen Blätter und Triebe erntet man, bevor die Pflanze blüht. Sie sind eine gute Zutat zu Salaten. Ihr Geschmack ist mild-fruchtig und etwas pflaumenartig. Ältere Blätter werden sehr herb. Die Blüten eignen sich als essbare Dekoration, aber auch zum Einfärben von Speisen und Getränken. Sie passen gut zu Obstsalaten – man kann sie zum Beispiel unter Bananen- und Apfelscheiben mischen, die man mit Zitronensaft würzt. Aus dem getrockneten Kraut lässt sich ein Tee herstellen, der früher bei Durchfall getrunken wurde.

Echtes Mädesüß

Filipendula ulmaria

JUNI–AUGUST

Tipp für unterwegs

Ernten Sie die Blüten an sonnigen Tagen um die Mittagszeit, dann duften sie besonders intensiv.

kleine Fiederblättchen zwischen den großen Blättern

MERKMALE Die bis zu 200 cm hohe Pflanze duftet intensiv. Ihr Stängel ist kantig und oft rot überlaufen. Die gefiederten Blätter bestehen aus 2–5 Paaren seitlicher Teilblättchen und einem Endblättchen. Sie sind am Rand grob gesägt und unterseits hell behaart. Die honigartig duftenden Blütenrispen sind cremeweiß.
VORKOMMEN Steht häufig in dichten Beständen an Ufern, Bachläufen und auf Feuchtwiesen.
VERWERTUNG Man erntet ganz junge Blätter vor der Blüte und nutzt sie sparsam als Zugabe für Gemüse. Die Blüten hat man schon früher zum Aromatisieren alkoholischer Getränke verwendet. Sie eignen sich als duftende Zutat für Tee, Limonade, Milchmixgetränke, Saft und Likör. Auch Desserts wie Pudding und Eis lassen sich damit aromatisieren, sie bekommen eine an Bittermandel erinnernde Note. Allerdings sollte man die Pflanze nur sparsam verwenden, sonst wird der Geschmack zu stark. Mädesüß enthält Salicylaldehyd, woraus das häufig genutzte Schmerzmittels Aspirin entwickelt wurde.

Echter Arznei-Baldrian

Valeriana officinalis

JUNI–AUGUST

Tipp für unterwegs

Die Wurzeln werden im September ausgegraben, gewaschen und an einer Wärmequelle getrocknet.

reich verzweigte Wurzeln

MERKMALE Der mehrjährige Baldrian wird bis zu 160 cm hoch. Der runde Stängel ist hohl und gefurcht. Die Blätter stehen sich am Stängel gegenüber. Sie bestehen aus paarig angeordneten Teilblättchen und einem Endblatt. Die Teilblätter sind länglich, am Rand unregelmäßig gesägt. Die doldenartigen Blütenstände sind gestielt. Die hellrosa-weißen Einzelblüten sind trichterförmig und haben 5 Blütenblätter.
VORKOMMEN Wächst häufig an Gräben, Ufern, auf feuchten Wiesen und an Waldrändern.
VERWERTUNG Die jungen Blätter nutzt man vor der Blüte sparsam als Gewürz für Salatsoßen oder Kräuterquark. Sie schmecken leicht säuerlich-bitter. Die süßlich duftenden Blüten eignen sich zum Aromatisieren von Spirituosen, Limonade und Teemischungen. Aus den getrockneten Wurzeln bereitet man einen beruhigenden Tee. Der Tee riecht süßlich-würzig, auch etwas eigentümlich. Katzen zieht der Duft der getrockneten Wurzeln magisch an – sie wälzen sich sogar darin. Trocknen Sie die Wurzel deshalb nicht im Freien oder nur an »katzensicheren« Orten.

Auf Feldflur und Acker

Dieser vielgestaltige Lebensraum umfasst Äcker, Gärten, Wege, Straßenränder und Brachland. Beim Sammeln muss man besonders auf Umweltbelastungen durch Landwirtschaft und Verkehr achten. Die Pflanzen sind meist als »Unkräuter« bekannt; viele von ihnen sind aber richtige Delikatessen.

Kohl-Lauch
Allium oleraceum

JUNI–AUGUST

Tipp für unterwegs

Genauso verwendbar ist der ebenfalls in Weinbergen vorkommende Weinbergs-Lauch *(Allium vineale)*.

langstielige hängende Blüten und rötliche Brutzwiebeln

MERKMALE Der mehrjährige Kohl-Lauch wird bis zu 70 cm hoch. Sein Stängel ist rund. Die linealen Blätter sind rinnig. Der Blütenstand steht am Stängelende und setzt sich aus rötlichen Brutzwiebeln und lang gestielten hängenden Blüten zusammen. Die weiß-rötlichen Blütenblätter besitzen einen dunklen Mittelstreif. Die Einzelblüte besitzt 6 Staubblätter.
VORKOMMEN Wächst zerstreut in Weinbergen und an sonnigen, trockenen Böschungen.
VERWERTUNG Bis zur Blüte nutzt man die jungen Blätter. Ebenfalls verwendbar sind die Brutzwiebeln und die Blüten. Der schnittlauchartig schmeckende Kohl-Lauch eignet sich als feine Würze für Salatsoßen, Pesto, Kräuterbutter und Kräuterquark. Vor der Blüte kann man auch die kleinen Zwiebelchen nutzen. Sie besitzen eine zwiebelartige Schärfe und werden in der Küche wie Zwiebeln eingesetzt. Geerntet werden sie im Herbst oder im Frühjahr. Früher wurde Kohl-Lauch auch zur Behandlung von Wurmerkrankungen eingesetzt.

Gewöhnlicher Rainkohl
Lapsana communis

JUNI–SEPTEMBER

Tipp für unterwegs

Ernten Sie nur die ganz jungen Blätter im April und Mai, bevor sich der Blütenspross entwickelt.

obere Blätter oval

MERKMALE Der einjährige Korbblütler wird bis zu 120 cm hoch. Sein Stängel enthält Milchsaft und ist spärlich behaart. Mit zunehmendem Alter verfärbt er sich rötlich. Die Blätter sind wechselständig, sie stehen also versetzt am Stängel. Im oberen Abschnitt des Stängels sind die Blätter oval und länglich, im unteren Bereich sind sie leierförmig mit einem großen Endlappen und kleinen Seitenlappen. Der Blattrand ist buchtig gezähnt. Die Blüten sitzen in kleinen, rispig angeordneten Körbchen mit 8–15 blassgelben Zungenblüten.
VORKOMMEN Stark verbreitet auf Äckern, in Gärten, an Waldrändern und auf Brachland.
VERWERTUNG Die zarten Blätter der Grundrosette und jungen Triebe eignen sich für Smoothies, Salat, Gemüse, Quiche und Suppen. Sie schmecken mild salatartig und erinnern etwas an Chicorée. Am besten schmecken die Blattrosetten im Frühjahr. Ältere Blätter werden zunehmend herb und bitter. Die Blüten nutzt man als essbare Dekoration. Die Blätter hatten einst den Ruf, die Wundheilung zu fördern.

Huflattich
Tussilago farfara

FEBRUAR–APRIL

MERKMALE Die Pflanze wird 10–20 cm hoch. Ihr Blütenstängel besitzt rotbraune Schuppen. Die lang gestielten Blätter treiben erst nach der Blüte aus. Sie fühlen sich wie weiches Leder an, sind rundlich herzförmig und auf der Unterseite weißfilzig behaart. Sie werden bis zu 20 cm groß und sind am Rand unregelmäßig gezähnt. Die kleinen Blattzähne haben schwarze Spitzen. Die Blütenkörbchen bestehen aus goldgelben, linealen Zungenblüten.
VORKOMMEN Huflattich findet man an Weg- und Feldrändern, Gewässerufern und auf Brachland.
VERWERTUNG Die jungen, herb-würzigen Blätter eignen sich für Salat, Suppen oder Gemüse. Ältere Blätter nutzt man nur gekocht. Sie können wie Kohlblätter zu Rouladen verarbeitet werden. Die Blütenköpfchen eignen sich für Tee oder als Speisedekoration. Die süß-aromatischen Blütenstängel schmecken in Butter gedünstet spargelähnlich. Wegen der enthaltenen Pyrrolizidinalkaloide sollte man Huflattich nur gelegentlich und nicht in großen Mengen verzehren. Junge Blätter sind am wenigsten belastet.

Tipp für unterwegs

☠ Schwach giftige Verwechslungsart ist die Pestwurz, deren Blätter allerdings viel größer und deutlich gezähnt sind. Außerdem schmecken sie sehr bitter.

Blütenstängel mit Schuppenblättern

Gewöhnlicher Natternkopf
Echium vulgare

JUNI–SEPTEMBER

MERKMALE Die zweijährige Pflanze wird 30–80 cm hoch und ist überall dicht und rau behaart. Die Stängelhaare stehen auf schwarzen oder weißen Knötchen. Die Blätter sind wechselständig angeordnet und lineal-lanzettlich. Die Blüten wachsen büschelig in den Blattachseln. Sie sind anfangs rosafarben, später blauviolett und besitzen einen trichterförmigen fünfspaltigen Kelch, die Staubgefäße ragen weit aus der Blüte heraus.
VORKOMMEN Wächst häufig an Wegrändern, Bahndämmen und auf Brachland.
VERWERTUNG Die jungen Blätter und Triebspitzen nutzt man von März bis Mai in Salat, Gemüse oder Suppen. Ihr Aroma erinnert etwas an Gurken. Die jungen Blätter schmecken auch in Bierteig getaucht und frittiert. Ausgezupfte Blüten eignen sich als Speisedekoration oder Tee. Mit Frischkäse gemischt zaubert man daraus einen leckeren Brotaufstrich. Nur gelegentlich und nicht in großen Mengen verwenden, da die Pflanze Pyrrolizidinalkaloide enthält.

Tipp für unterwegs

Natternkopf wächst häufig an Straßenrändern und Bahndämmen. Bevorzugen Sie weniger belastete Sammelplätze.

kleine grüne Blätter im Blütenstand

Gewöhnliches Barbarakraut
Barbarea vulgaris

APRIL–JUNI

Tipp für unterwegs

Schwach giftige Verwechslungsart ist der Acker-Schöterich (→ S. 151).

Blätter mit stängelumfassenden Öhrchen

MERKMALE Der Kreuzblütler wird 20–90 cm hoch. Sein aufrechter Stängel ist kahl. Die dicken Blätter glänzen dunkelgrün. Die fiederspaltigen Rosettenblätter bestehen aus 3–5 Paaren länglicher Fiederblättchen und einem rundlichen Endblättchen. Die oberen Stängelblätter sind ungeteilt mit gebuchtetem Rand und umfassen den Stängel. Dichte Trauben aus kleinen goldgelben Blüten sitzen am Stängelende. Die vierkantigen, länglichen Schoten stehen aufrecht an der Pflanze.

VORKOMMEN Wächst an Weg- und Ackerrändern sowie an Bachufern und Gräben.

VERWERTUNG Geerntet werden die jungen Rosettenblätter von Dezember bis Mai. Sie enthalten sehr viel Vitamin C und schmecken streng kresseartig. Frisch sind sie eine leckere Beigabe für Salat, Kräuterquark, Kräuterbutter oder Bratkartoffeln. Sind die Blütentriebe noch im Knospenstadium, eignen sie sich vorzüglich zum Dünsten und erinnern geschmacklich an Brokkoli.

Gewöhnliches Hirtentäschel
Capsella bursa-pastoris

MÄRZ–NOVEMBER

Tipp für unterwegs

Die Blätter haben das feinste Aroma, wenn sie im Frühjahr geerntet werden. Es darf sich noch kein Blütenstängel gebildet haben.

dreieckige Schötchen

MERKMALE Der ein- bis zweijährige Kreuzblütler wird 10–50 cm hoch. Die bodennahen Rosettenblätter sind länglich und löwenzahnähnlich gelappt. Die Stängelblätter sind ungeteilt, pfeilförmig und umfassen den Stängel. Die kleinen weißen Blüten sitzen am Stängelende. Sie besitzen 4 Blütenblätter. Die auffallenden Früchte stehen an dünnen Stielchen. Sie sind platt und dreieckig bis herzförmig. Ihre taschenartige Form prägte den Namen der Pflanze – Hirtentäschel.

VORKOMMEN Häufig anzutreffen auf Äckern, in Gärten, Weinbergen und an Wegrändern.

VERWERTUNG Die jungen Blattrosetten nutzt man vor der Blüte für Salat, Gemüse und Quark. Sie sind zart und schmecken ein wenig nach Kohl und Rucola. Nach der Blüte werden sie etwas bitter. Blüten und grüne Samentaschen dienen als leckere essbare Dekoration. Aus den kleinen Samen lässt sich ein Senf herstellen. Auch die Wurzel ist nutzbar. Sie wird vor der Blüte geerntet. Solange sie noch zart ist, schmeckt sie etwas nach Ingwer.

Viermänniges Schaumkraut
Cardamine hirsuta

FEBRUAR–JUNI

Tipp für unterwegs

Das Schaumkraut können Sie schon ab Februar finden.

aufrecht stehende Schoten

MERKMALE Der einjährige Kreuzblütler wird 10–30 cm hoch. Aus der Blattrosette entwickeln sich viele kahle Stängel. Die Blätter sind gefiedert und kaum behaart. Die Teilblättchen stehen sich gegenüber und sind rundlich oval, das Endblättchen ist nierenförmig. Die kleinen weißen Blüten besitzen gelbe Staubbeutel. Die aufrecht stehenden Früchte (Schötchen) überragen den Blütenstand.
VORKOMMEN Weit verbreitetes Unkraut in Weinbergen, Gärten und auf Äckern.
VERWERTUNG Die kresseartig schmeckenden Blätter eignen sich roh für Salat, Quark, Pesto und Kräuterbutter. Blüten und Knospen dienen als essbare Dekoration.

Acker-Hederich
Raphanus raphanistrum subsp. *raphanistrum*

JUNI–SEPTEMBER

Tipp für unterwegs

Die grünen, noch zarten Fruchtschoten kann man roh essen.

Schoten zwischen den Samen eingeschnürt

MERKMALE Die einjährige, borstig behaarte Pflanze wird bis zu 60 cm hoch. Ihr Stängel ist bläulich bereift. Die unteren Blätter sind fiederschnittig mit größerem Endlappen und rau behaart. Die weißen bis blassgelben Blütenblätter sind mit violetten Adern durchzogen. Die langen Fruchtschoten sind wie eine Perlenkette eingeschnürt.
VORKOMMEN Wächst auf Äckern und an Feldwegen.
VERWERTUNG Blätter und Triebe der jungen Pflanze erntet man vor der Blüte und nutzt sie als Salatbeigabe. Ihr Geschmack erinnert an Rettich, ältere Blätter werden beißend scharf. Reife Samen verarbeitet man ab September zu Senf. Wurzeln verwendet man gerieben wie Meerrettich.

Acker-Senf
Sinapis arvensis

MAI–SEPTEMBER

Tipp für unterwegs

☠ Schwach giftige Verwechslungsart ist der Acker-Schöterich (→ S. 151). Er besitzt längliche, ungelappte Blätter.

Schote mit samenlosem Fortsatz

MERKMALE Der einjährige Kreuzblütler wird 30–60 cm hoch. Die graugrünen Blätter sind am Rand unregelmäßig eingebuchtet und rau behaart. Die Blüten sind gelb und bilden einen halbkugeligen Blütenstand. Die Früchte sind 4 cm lang und haben einen schnabelartigen Fortsatz.
VORKOMMEN Häufig auf Äckern und an Wegrändern.
VERWERTUNG Die vor der Blüte geernteten jungen Blätter und Triebspitzen eignen sich als Würze für Gemüse, Salat und Quark. Der Geschmack ist senfartig scharf, ältere Blätter werden bitter. Blütentriebe im Knospenstadium erinnern gedünstet an Brokkoli. Die reifen Samen nutzt man ab September zur Senfproduktion.

Wegrauke
Sisymbrium officinale

MAI–SEPTEMBER

Tipp für unterwegs

Im April ist die Schärfe der Blätter noch mild, deshalb ist dann die beste Erntezeit.

Blüte mit 4 blassgelben Kronblättern

MERKMALE Der einjährige Kreuzblütler wird 30–60 cm hoch. Der Stängel ist reich und sehr sparrig verzweigt und behaart. Die unteren Blätter sind fiederteilig gelappt, die oberen länglich schmal. Die Blüten sind klein, blassgelb und haben 4 Blütenblätter. Die behaarten Schoten liegen dicht am Stängel an.
VORKOMMEN An Weg- und Straßenrändern, auf Brachen.
VERWERTUNG Die Blätter schmecken kresseartig und eignen sich fein geschnitten als Zutat für Salat und Spinat. Man erntet sie nur bis Anfang Mai und setzt sie wegen der Schärfe nur sparsam ein. Ältere Blätter, Samen und Schoten nicht verwenden – sie enthalten herzwirksame Glykoside!

Acker-Hellerkraut
Thlaspi arvense

APRIL–AUGUST

Tipp für unterwegs

Ernten Sie im Mai die knospigen Blütenstände und dünsten Sie sie in Butter an.

runde, eingeschnittene Früchte

MERKMALE Die einjährige Pflanze wird 15–40 cm hoch. Ihr Stängel ist kantig und kahl. Die hellgrünen Stängelblätter sind länglich, pfeilförmig und am Rand buchtig gekerbt. Die kleinen weißen Blüten stehen in einem traubigen Blütenstand. Die rundlichen Früchte haben einen geflügelten Rand, der oben eingeschnitten ist.
VORKOMMEN Oft auf Äckern, in Weinbergen und Gärten.
VERWERTUNG Die jungen Blätter und Triebspitzen nutzt man von März bis Mai fein gehackt als Beigabe für Salat und Quark. Sie schmecken mild senfartig. Die Blüten eignen sich als essbare, würzige Dekoration. Die jungen, noch weichen Schötchen sind ein würziger Belag auf Butterbrot.

Taubenkropf-Leimkraut
Silene vulgaris

JUNI–SEPTEMBER

Tipp für unterwegs

Legen Sie die ältere Blätter in warmes Wasser, um den bitteren Geschmack zu mildern.

Blüte mit aufgeblasenem Kelch

MERKMALE Das Nelkengewächs wird 20–50 cm hoch. Es verbreitet bei Nacht einen intensiv kleeartigen Duft. Die Blätter sind lang lanzettlich, blaugrün, vorne zugespitzt und kahl. Sie stehen sich zu zweit gegenüber. Die netzadrigen Kelche der Blüten wirken wie aufgeblasen. Die Kelchblätter sind braunrosa, die 5 tief eingeschnittenen weißen Blütenblätter bilden dazu einen starken Kontrast.
VORKOMMEN Auf trockenen Wiesen und an Wegrändern.
VERWERTUNG Die vor der Blüte von April bis Mai geernteten Blätter und Triebe ergeben ein Gemüse mit erbsenähnlichem Geschmack. Im Frühling nutzt man die Blätter auch für Salat oder Quark, später werden sie immer bitterer.

Vogelmiere
Stellaria media

GANZJÄHRIG

Tipp für unterwegs

Schwach giftige Verwechslungsart ist vor der Blüte der rot oder blau blühende Acker-Gauchheil (→ S. 153). Er besitzt einen vierkantigen Stängel.

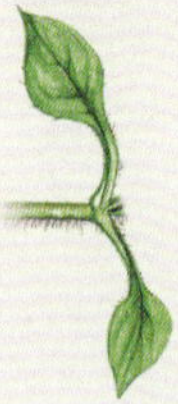

einreihig behaarter Stängel

MERKMALE Die einjährige Vogelmiere wächst niederliegend und oft in dichten Rasen. Ihr runder Stängel ist deutlich einreihig behaart. Die Blätter sind eiförmig zugespitzt und stehen sich paarweise gegenüber. Die sternförmigen Blüten besitzen 5 weiße Blütenblätter. Sie sind bis zum Ansatz eingeschnitten, sodass der Eindruck entsteht, es wären 10 Blütenblätter.
VORKOMMEN Findet sich häufig auf Äckern, in Gärten, Weinbergen und an Wegrändern.
VERWERTUNG Von der Pflanze können alle Teile – also Stängel, Blätter und Blüten – verwendet werden. Sie wird fast ganzjährig genutzt, am besten schmeckt sie aber im Frühjahr. Sie eignet sich sehr gut für Salate, Suppen, Wildgemüse, Smoothies und einen Heiltee, der gegen Husten wirkt. Der Geschmack ist mild-nussig und erinnert an junge Maiskölbchen. Sie eignet sich sehr gut, um strenger schmeckende Wildgemüse abzumildern. Die Vogelmiere hat einen außergewöhnlich hohen Gehalt an Eisen und Kalzium.

Weiße Taubnessel
Lamium album

APRIL–SEPTEMBER

Tipp für unterwegs

Süße Leckerei am Wegesrand: Aus den Blüten kann man den süßen Nektar aussaugen.

brennnesselartige Blätter

MERKMALE Der mehrjährige Lippenblütler wird 20–50 cm hoch. Sein Stängel ist vierkantig und hohl. Die behaarten Blätter stehen sich paarweise gegenüber. Sie erinnern an die Blätter von Brennnesseln, ihre Form ist herz-eiförmig, der Blattrand ist gesägt. Die cremeweißen Blüten stehen in Scheinquirlen in den Achseln der oberen Blätter. Die Unterlippe ist dreiteilig, der Mittellappen ist herzförmig. Unter der helmartigen Oberlippe sitzen 4 Staubblätter.
VORKOMMEN Häufig anzutreffen auf Brachland sowie an Weg- und Waldrändern.
VERWERTUNG Die vor der Blüte gesammelten jungen Blätter und Sprossspitzen eignen sich für Salat, Suppen, Gemüse und Aufläufe. Die Blätter riechen frisch etwas muffig, überraschen gekocht aber durch ihren angenehm milden pilzartigen Geschmack. Sie enthalten viel Provitamin A und Eiweiß. Die süßen Blüten nutzt man als Tee, zur Herstellung von Sirup und als Speisedekoration. Die Wurzeln dünstet man als Gemüse. Der Tee war im Mittelalter ein beliebtes Mittel bei Menstruationsbeschwerden.

Rote Taubnessel
Lamium purpureum

MÄRZ–OKTOBER

Tipp für unterwegs

Die ähnlich aussehende Gefleckte Taubnessel *(Lamium maculatum)* ist genauso verwendbar.

dreiteilige, schwach gemusterte Unterlippe

MERKMALE Die einjährige Taubnessel wird 15–30 cm hoch. Ihr hohler Stängel ist vierkantig. Die Blätter stehen sich paarweise gegenüber. Sie sind herz-eiförmig und brennnesselartig gekerbt bis gesägt. Die oberen Blätter sind oft rot überlaufen. Die Lippenblüten stehen in Scheinquirlen in den Achseln der oberen Blätter. Sie sind rosa bis purpurrot gefärbt. Die Oberlippe ist helmartig, die Unterlippe dreiteilig, sie hat zwei kleine Seitenlappen und einen großen, herzförmigen Mittellappen.
VORKOMMEN Besiedelt häufig Brachland, Äcker, Gärten sowie Weinberge.
VERWERTUNG Die jungen Blätter und Triebspitzen werden vor der Blüte für Salat, Suppen, Gemüse und Aufläufe genutzt. Sie riechen frisch etwas unangenehm, schmecken gedünstet jedoch angenehm pilzig. Lecker ist ein gemischtes Gemüse aus Taubnessel- und Brennnesselblättern. Die süßen Blüten eignen sich als Tee und Speisedekoration. Wurzeln nutzt man gedünstet als Gemüse.

Breit-Wegerich
Plantago major

JUNI–OKTOBER

Tipp für unterwegs

Alle mitteleuropäischen Wegerich-Arten sind essbar oder als Tee nutzbar.

lange, walzenförmige Blütenähre

MERKMALE Der Breit-Wegerich ist mehrjährig und wird 10–30 cm hoch. Seine Blätter stehen in einer bodennahen Rosette. Sie sind breit, eiförmig und ganzrandig. Auffallend sind 5–9 stark hervortretende parallel verlaufende Nerven. Der Blütenstand steht am Ende des blattlosen Stängels in einer walzenförmigen Ähre. Die unscheinbaren Blüten sind grünlich mit gelblich weißen Staubblättern.
VORKOMMEN Wächst häufig an Wegen, Wegrändern sowie auf Brachland.
VERWERTUNG Die jungen Blätter und Blütenstängel verwendet man vor der Blüte für Salat, Suppen und Gemüse. Beim Dünsten entwickeln sie ein pilzartiges Aroma. Breit-Wegerich-Blätter sind etwas bitterer als Spitz-Wegerich-Blätter. Erntezeit ist April bis Mai, solange die Blattadern noch weich sind. Bei älteren Blättern entfernt man die faserigen Blattnerven. Die Blätter sind auch als Tee-Zutat zu verwenden. Die Blütenähre im Knospenstadium erinnert geschmacklich an Champignons. Den frischen Saft der Blätter tupfte man früher zur Linderung auf Insektenstiche.

Gänse-Fingerkraut
Argentina anserina

MAI–
AUGUST

MERKMALE Das ausläuferartig am Boden kriechende Kraut wird 5–15 cm hoch. Der Stängel ist rötlich überlaufen. Die Blätter sitzen in bodennaher Rosette. Sie sind oberseits grün, unten silbrig weiß behaart und am Rand tief gesägt. Sie sind einfach gefiedert, große Teilblättchen wechseln sich mit kleinen ab. Die goldgelbe Blüte steht am Ende eines blattlosen, langen Stiels. Sie besitzt 5 rundliche Blütenblätter.
VORKOMMEN Wächst häufig an Wegrändern, auf Brachland, Äckern und in Gärten.
VERWERTUNG Die jungen Blätter sammelt man von März bis Mai und nutzt sie für Salat, Gemüse und Suppen. Sie schmecken leicht säuerlich. Nach der Blüte werden sie allerdings unangenehm herb und zäh. Die Blätter eignen sich auch für einen wohlschmeckenden Tee, der früher bei krampfartigen Unterleibsbeschwerden verordnet wurde. Die Blüten dienen als essbare Dekoration. Die knollenartigen Wurzeln erntet man im September und Oktober. Sie schmecken gedünstet nach Möhre und Pastinake.

Tipp für unterwegs

Die Blätter sitzen direkt am Boden. Achten Sie deshalb beim Sammeln auf Verunreinigungen.

kleine Blättchen zwischen den Blattfiedern

Kriechendes Fingerkraut
Potentilla reptans

MAI–
AUGUST

MERKMALE Das mehrjährige Rosengewächs wird 20–30 cm hoch. Der lange Stängel ist kriechend und bildet an den Blattknoten Wurzeln. Die Blätter sind fünfzählig gefingert. Die am Rand grob gekerbten bis gesägten Teilblättchen sind verkehrt eiförmig und unterseits behaart. Die lang gestielten Blüten mit den 5 goldgelben Blütenblättern stehen einzeln in den Blattachseln. Sie sind vorn herzförmig eingebuchtet.
VORKOMMEN Wächst gerne auf feuchten Wiesen, an Wegrändern, aber auch auf Äckern und in Gärten.
VERWERTUNG Die jungen, mild salatartig schmeckenden Blätter eignen sich fein geschnitten als Beigabe für Salat, Suppen und Gemüse. Von April bis Mai sind die Blätter noch nicht so fest und besitzen auch noch keine störenden Blattfasern. Man kann sie auch als Tee verwenden. In der Volksheilkunde nutzte man die gerbstoffhaltigen Wurzeln gegen Durchfall. Die schönen Blüten nimmt man als essbare Dekoration und streut sie auf Brote oder über Salate.

Tipp für unterwegs

Auch andere Fingerkraut-Arten sind als Wildgemüse nutzbar, z. B. die Blutwurz *(P. erecta)* und das Hohe Fingerkraut *(P. recta)*.

Blätter meist fünfzählig gefingert

Persischer Ehrenpreis
Veronica persica

MÄRZ–NOVEMBER

Tipp für unterwegs

Sie können auch alle weiteren Ehrenpreis-Arten nutzen, z. B. den auf Wiesen häufig anzutreffenden Gamander-Ehrenpreis *(Veronica chamaedrys)*.

Stängel deutlich behaart

MERKMALE Die einjährige Pflanze wächst niederliegend und bildet oft dichte Rasen. Sie wird 10–30 cm hoch. Der Stängel ist behaart. Die herz-eiförmigen Blätter sind am Blattrand grob gekerbt. In den Blattachseln stehen die himmelblauen, lang gestielten Blüten. Sie haben einen gelblich weißen Schlund.
VORKOMMEN Die kleine Pflanze findet man häufig in Gärten, Weinbergen und auf Äckern.
VERWERTUNG Die zarten Blätter und Triebspitzen bereichern das ganze Frühjahr die Wildkräuterküche. Man mischt sie unter Salat, Suppen und Eierspeisen. Sie schmecken angenehm mild-aromatisch und ganz leicht bitter. Das blühende Kraut ergibt einen milden, stoffwechselanregenden Tee, der früher sehr geschätzt war. Die empfindlichen zarten Blütchen eignen sich als Speisedekoration, vor allem für Salate, Desserts und süße Quarkspeisen. Ernten Sie sie sehr vorsichtig, damit sie nicht zerdrückt werden.

Wildes Stiefmütterchen
Viola tricolor

MAI–SEPTEMBER

Tipp für unterwegs

Das ähnlich aussehende Acker-Stiefmütterchen *(Viola arvensis)* können Sie genauso verwenden.

obere Kronblätter meist bläulich

MERKMALE Das einjährige Stiefmütterchen wird 15–30 cm hoch. Der aufsteigende Stängel ist verästelt. Die Blätter in Bodennähe sind herz-eiförmig, die oberen länglich lanzettlich. Der Blattrand ist gekerbt. Die lang gestielten Blüten sind meist dreifarbig: Die oberen Blütenblätter sind blauviolett, die beiden mittleren gelblich oder hellviolett und das untere gelb und von violetten Streifen durchzogen. Das untere Blütenblatt hat einen länglichen Sporn.
VORKOMMEN Die Pflanze wächst an Wegrändern, auf Äckern und in Gärten. Sie ist in vielen Gegenden eher selten.
VERWERTUNG Die jungen Blätter und Triebe nimmt man für Salat und Gemüse. Sie schmecken mild salatartig. Die aromareichen, leicht süßlichen Blüten eignen sich zum Dekorieren von Süßspeisen. Oder man kandiert sie oder nutzt sie zum Aromatisieren von Essig und Teemischungen. Den Tee trinkt man bei Hautkrankheiten und bei Husten. Mit Trinkjoghurt und etwas Honig püriert kann man aus Stiefmütterchenblättern ein stoffwechselanregendes Vitalgetränk mixen.

Kanadisches Berufkraut
Conyza canadensis

JULI–OKTOBER

Tipp für unterwegs

Im Mai ist die beste Sammelzeit, später werden die Blätter immer bitterer.

lange Blütenrispe

MERKMALE Der einjährige Korbblütler wird bis zu 100 cm hoch. Alle Pflanzenteile sind abstehend behaart. Die gelbgrünen Blätter sind wechselständig. Sie sind lanzettlich, am Rand mit abstehenden Haaren. Der Blütenstand wird aus über 100 weiß-gelblichen Blüten gebildet. Die Blütenhülle ist zylindrisch geformt. Die weißen Zungenblüten ragen nur wenig aus der Hülle.

VORKOMMEN Das Berufkraut findet man häufig in Gärten, auf Äckern, Brachland und an Wegrändern.

VERWERTUNG Die ganz jungen Blätter erntet man vor der Blüte. Man nutzt sie sparsam als Würzbeigabe für Salat, Quark, Kartoffelgerichte und Gemüse. Ihr Geschmack ist bitter-würzig und leicht scharf. Wem sie zu herb sind, der legt sie 20 Minuten lang in lauwarmes Wasser ein, um die Bitterstoffe zu reduzieren. Ältere Blätter sollte man nicht verwenden, sie schmecken nicht mehr. In der Volksheilkunde wird ein Tee aus dem blühenden Kraut bei Menstruations- und Wechseljahresbeschwerden eingesetzt.

Kleinblütiges Knopfkraut
Galinsoga parviflora

JUNI–OKTOBER

Tipp für unterwegs

Das ähnlich aussehende Behaarte Knopfkraut *(Galinsoga ciliata)* kann genauso gesammelt werden. Sein Stängel ist abstehend behaart.

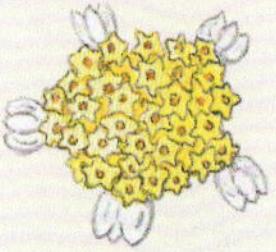

Blütenköpfchen mit 5 weißen Zungenblüten

MERKMALE Die einjährige Pflanze wird bis zu 60 cm hoch. Ihre Blätter sind spitz eiförmig, der Blattrand grob gesägt. Die Blütenköpfchen tragen außen 5 weiße, kurze, weit auseinanderstehende Zungenblüten, in der Mitte sitzen viele gelbe Röhrenblüten. Die Zungenblüten haben 2–3 kleine Zähnchen. Blütenstiele und Blütenhülle sind behaart.

VORKOMMEN Das Unkraut wächst häufig auf Äckern, in Gärten, Weinbergen und an Wegrändern.

VERWERTUNG Die jungen Blätter, Knospen und Blütenstände nutzt man für Salat, Spinat und Suppen. Man erntet sie von Mai bis September. Das frische Kraut gibt mit Gemüsesaft gemixt ein erfrischendes vitalstoffreiches Getränk. Die Pflanze schmeckt mild-aromatisch und ein wenig salatartig. Das Gartenunkraut ist seit 1815 aus Südamerika eingebürgert und bei uns verwildert. In Südamerika wird die Pflanze noch heute als Gemüse genutzt. Knopfkraut enthält sehr viel Eisen, Kalzium und Provitamin A. Der Eisengehalt übersteigt den von Spinat um mehr als das Dreifache.

Kanadische Goldrute
Solidago canadensis

AUGUST–OKTOBER

Tipp für unterwegs

Sie können auch alle anderen Goldruten-Arten sammeln und gleichermaßen verwerten.

Stängel dicht behaart

MERKMALE Die Staude wird bis zu 250 cm hoch. Der Stängel ist dicht und fein behaart. Die Blätter sind länglich und der Blattrand fein gesägt. Die gelben Blüten sitzen in zahlreichen Rispen am Stängelende. Die Blütenkörbchen sind in den Rispen einseitswendig nach oben gerichtet. Die länglichen Zungenblüten am Rand des Blütenkopfs werden kaum länger als die inneren Röhrenblüten.
VORKOMMEN An Waldrändern, Bahndämmen und auf Ödflächen tritt die Goldrute oft in Kolonien auf.
VERWERTUNG Die jungen Triebspitzen nutzt man von April bis Juni als Gemüse. Man erntet aber nur die oberen 15–20 cm. Die Stängel werden dann geschält, denn die Haut ist bitter. Der Geschmack der gedünsteten Triebe erinnert etwas an den von grünen Bohnen. Die nach Honig duftenden Blüten ergeben einen sehr feinen Tee mit einem Hauch Anisaroma. Der Tee wird auch heilkundlich bei Harnwegsinfektionen zur Durchspülung eingesetzt. Bei Blühbeginn ist er am heilkräftigsten.

Raue Gänsedistel
Sonchus asper

JUNI–OKTOBER

Tipp für unterwegs

Wird häufig mit der Kohl-Gänsedistel (→ S. 106) verwechselt. Diese wird genauso verwendet, ist aber nicht stechend gezähnt.

spitzstachelig gezähnter Blattrand

MERKMALE Der einjährige, 30–100 cm hohe Korbblütler enthält einen weißen Milchsaft. Der Stängel ist hohl und kantig. Die Blätter sind derb und dunkelgrün glänzend, sie umfassen den Stängel und sind am Blattgrund eingerollt. Die Blätter sind pfeilförmig und am Rand spitzstachelig gezähnt. Die gelben Zungenblüten stehen in bauchig verdickten Körbchen. Die Früchte besitzen eine weiße Haarkrone.
VORKOMMEN Häufiges Unkraut auf Äckern, in Gärten sowie an Wegrändern.
VERWERTUNG Blätter, Stängel und Knospen eignen sich für Gemüse und Suppen. Die beste Erntezeit ist vor der Blüte von April bis Juni, dann sind die Blätter noch zart und mild und erinnern geschmacklich an Kopfsalat. Weil sie einen leicht bitteren Milchsaft enthalten, schneidet man sie vor der Zubereitung klein und spült sie in warmem Wasser. Will man sie in Salat und Quark roh essen, entfernt man die spitzen Randstacheln mit einer Schere. Den Blütenboden kann man von den haarigen Blüten befreien und dann ebenfalls roh genießen.

Kohl-Gänsedistel
Sonchus oleraceus

JUNI–OKTOBER

Tipp für unterwegs

Eine Delikatesse auf dem Spaziergang ist der kleine Blütenboden. Er ist besonders wohlschmeckend.

zugespitzte Blattzipfel stängelumfassend

MERKMALE Der einjährige Korbblütler wird 30–90 cm hoch. Der Stängel ist kantig und hohl. Grundblätter der Rosette sind löwenzahnähnlich. Sie fühlen sich weich an. Stängelblätter umfassen den Stängel mit pfeilförmig zugespitzten Läppchen. Die Blattoberseite ist mattgrün mit rötlich gefärbtem Mittelnerv. Der Blattrand ist spitz gezähnt, aber nicht stechend stachelig. Das Blütenköpfchen besteht aus hellgelben Zungenblüten.
VORKOMMEN Wächst gern auf Äckern, in Gärten sowie auf Brachland.
VERWERTUNG Blätter, Triebe, Knospen und Stängel eignen sich sehr gut für Gemüse, Aufläufe, Quiche, Suppen und Salat. Die Pflanze ist ein exquisites Wildgemüse, vor allem die jungen Blätter schmecken angenehm salatartig und zart. Ältere Blätter und Stängel sollte man dagegen dünsten. Der Artname *oleraceus* kommt von lateinisch *oleris* und bedeutet *gemüseartig*. Er weist darauf hin, dass die Pflanze schon in früheren Zeiten als Gemüse geschätzt wurde. Die gelben Blüten nimmt man als essbare Dekoration..

Arznei-Beinwell
Symphytum officinale subsp. *officinale*

MAI–AUGUST

Tipp für unterwegs

☠ Giftige Verwechslungsart ist vor der Blüte der Rote Fingerhut (→ S. 148). Dessen Blätter sind jedoch samtig weich behaart und am Rand gekerbt.

glockenförmige Blüte mit haarigem Kelch

MERKMALE Beinwell wird 30–90 cm hoch und ist borstig behaart. Sein Stängel ist kantig und hohl. Die Stängelblätter sind länglich und ganzrandig. Sie sind wechselständig und laufen ein Stück am Stängel herab. Die Blattunterseite ist grob geädert. Die hängenden Blüten sind glockenförmig. Die Blüten sind rötlich violett oder gelblich weiß.
VORKOMMEN Wächst häufig an Wegrändern, Ufern, Gräben und Waldrändern.
VERWERTUNG Nur junge Blätter eignen sich roh als Salat. Sie schmecken gurkenartig. Ältere Blätter dünstet man wegen der borstigen Haare besser. Sie eignen sich auch gut zum Ausbacken in Bierteig, zum Befüllen (wie Rouladen) oder als Suppeneinlage. Beinwell ist sehr eiweißhaltig. Die Blüten dienen als essbare Dekoration. In der Heilkunde helfen Wurzelzubereitungen bei Muskel- und Gelenkbeschwerden, Knochenbrüchen und Prellungen. Wegen der in der Pflanze enthaltenen Pyrrolizidinalkaloide sollte man Beinwell aber nur gelegentlich und nicht in großen Mengen verzehren.

Spreizende Melde
Atriplex patula

JULI–OKTOBER

Tipp für unterwegs

Ungenießbare ähnliche Arten wie der Stinkende Gänsefuß *(Chenopodium vulvaria)* riechen beim Zerreiben widerlich.

untere Blätter spießförmig

MERKMALE Die einjährige Melde wird 30–90 cm hoch. Ihr Stängel ist gerillt und reich verzweigt. Die unteren Äste stehen auffallend ab. Die Blätter sind lanzettlich bis spießförmig und zugespitzt, ihr Rand ist glatt oder buchtig gezähnt. Die kleinen grünlichen Blüten sitzen in Knäueln in den Blattachseln und am Stängelende.
VORKOMMEN Die Pflanze wächst häufig in Gärten, an Wegrändern sowie auf Äckern und Brachland.
VERWERTUNG Die zarten, angenehm spinatartig schmeckenden Blätter eignen sich roh für Salat, aber auch gedünstet als Spinatgemüse oder in Suppen und Aufläufen. Besonders schmackhaft sind Blätter, die von Mai bis Juni geerntet wurden. Ältere Blätter schmecken etwas pelzig. Die Knospen und Blüten streut man roh über Salate. Die Pflanze wird oft unter kräftiger schmeckende Wildgemüsearten gemischt, um diese etwas milder zu machen. Die stärkereichen Samen wurden früher zermahlen und unter Mehl gemischt.

Weißer Gänsefuß
Chenopodium album

JULI–SEPTEMBER

Tipp für unterwegs

Im Juli kann man die frischen Blütenknospen abstreifen und als nahrhafte Wegzehrung nutzen.

Rispen mit knäuelig angeordneten Blüten

MERKMALE Die einjährige Pflanze wird bis zu 150 cm hoch. Ihr Stängel ist gefurcht und manchmal rot überlaufen. Vor allem die jungen Blätter im oberen Teil sehen aus wie mit Mehl bestäubt. Die vielgestaltigen Blätter sind länglich oval bis rautenförmig. Sie sind oben blaugrün und unten heller gefärbt. Der Blattrand ist unregelmäßig gezähnt. Die kleinen grünlich weißen Blüten stehen in dichten Knäueln.
VORKOMMEN Wächst auf Äckern und in Gärten.
VERWERTUNG Gänsefuß wurde früher wie Spinat genutzt. Die jungen Blätter und Triebe eignen sich auch für Salat; ältere Blätter für Gemüse, Suppen und Aufläufe. Beste Erntezeit ist von April bis Juni, die Blätter schmecken dann spinatartig mild. Wenn die Pflanze zu blühen beginnt, werden sie bitter. Die Blütenknospen streut man über Salat. Die Pflanze enthält sehr viel Mineralien, Eiweiß und Vitamin C. Die schwarzen Samen wurden in Notzeiten unter Mehl gemischt. Gänsefuß sollte man nicht im Übermaß essen, da er Oxalsäure und Saponine enthält.

Guter Heinrich
Chenopodium bonus-henricus

MAI–SEPTEMBER

Tipp für unterwegs

Ähnliche, aber ungenießbare Gänsefuß-Arten lassen sich leicht am unangenehmen Geruch der Blätter identifizieren.

dreieckige spießförmige Blätter

MERKMALE Das Fuchsschwanzgewächs wird 10–60 cm hoch. Der Stängel ist hohl und gerillt. Die dunkelgrünen, gewellten Blätter sehen aus wie leicht mit Mehl bestäubt und fühlen sich etwas klebrig an. Sie haben eine dreieckige bis pfeilförmige Form und sind ganzrandig mit gewelltem Rand. Der ährenförmige Blütenstand mit den vielen kleinen grünen Einzelblüten steht am Stängelende.
VORKOMMEN An Wegrändern, in Gärten, auf Brachland.
VERWERTUNG Früher wurde das feine Wildgemüse in Gärten als Spinatpflanze angebaut. Die jungen, vor der Blüte geernteten Blätter ergeben einen leckeren Salat. Auch die Triebe erntet man vor der Blüte und bereitet sie wie Spargel zu. Ältere Blätter lassen sich gut in Aufläufen und Suppen verarbeiten. Die Pflanze ist sehr reich an Eiweiß und Provitamin A. Da sie in geringer Menge Oxalsäure enthält, sollte man sie maßvoll verzehren. Die Samen wurden früher zu Brei gekocht. Da sie sehr saponinhaltig sind, sollte man das Kochwasser einmal wechseln.

Klatsch-Mohn
Papaver rhoeas

MAI–AUGUST

Tipp für unterwegs

Ernten Sie die Blüten unbedingt vormittags, denn sie beginnen schon mittags abzufallen.

Samen sitzt in Kapselfrucht

MERKMALE Der Klatsch-Mohn ist einjährig und wird 30–90 cm hoch. Die Pflanze enthält Milchsaft. Der Stängel ist borstig behaart. Die ebenfalls behaarten Blätter sind länglich, tief fiederspaltig und am Rand grob gesägt. Die 4 Blütenblätter sind scharlachrot, die einzelnen Blütenblätter sind am Grund oft schwarz gefleckt. Der Samen reift in einer eiförmigen Kapselfrucht.
VORKOMMEN Wächst häufig an Feld- und Wegrändern sowie auf Brachflächen.
VERWERTUNG Die haarigen Blattrosetten dünstet man im Frühjahr wie Spinat. Sie schmecken mild und enthalten viel Kalium und Kalzium. Die Blüten haben eine erstaunliche Färbewirkung. Dementsprechend werden sie in Teemischungen eingesetzt. Aber auch Bowlen, Limonaden und Likören kann man damit eine kräftige Farbe geben. Aus den Blütenblättern wurde früher sogar rote Tinte hergestellt. Den reifen, getrockneten Samen kann man wie den Mohnsamen, den die Bäcker verwenden, für Brot, Kuchen und Desserts einsetzen. Sanft geröstet schmeckt er besonders gut.

Vogelknöterich
Polygonum aviculare

JUNI–
OKTOBER

Tipp für unterwegs

Sammeln Sie von der am Boden kriechenden Pflanze nur saubere, unbeschädigte Triebe.

rosa oder grünliche Blüten

MERKMALE Der Vogelknöterich ist einjährig. Der reich verzweigte, meist am Boden liegende Stängel wird 10–50 cm lang. Die Stängelknoten sind von 2 hellbraunen Häutchen umhüllt. Die kurz gestielten Blätter sind wechselständig und schmal-oval geformt. Die rosafarbenen, manchmal weißen Blüten sind klein und unscheinbar. Sie sitzen in den Achseln der Blätter.
VORKOMMEN Die trittfeste Pflanze wächst gern auf Wegen, an Feldrändern und in Gärten.
VERWERTUNG Die jungen Blätter und Triebe werden fein geschnitten für Smoothies, Salat, Gemüse und Suppen genutzt. Der Geschmack ist mild salatartig. Am besten schmeckt die Pflanze von Mai bis Juni, später wird sie etwas faserig. Die Blätter waren früher Bestandteil von Hustentees. Man kann sie auch entsaften und mit Joghurt oder Obstsaft gemischt zu einem Erfrischungsgetränk verarbeiten. Den ab September geernteten stärkehaltigen Samen verwendet man wie Getreide und vermahlt ihn getrocknet zu Mehl. Der Aufwand ist allerdings groß.

Portulak
Portulaca oleracea subsp. *oleracea*

JUNI–
SEPTEMBER

Tipp für unterwegs

Die erfrischend saftigen Triebe können Sie schon am Fundort roh verzehren – ein Genuss!

fleischige Blätter und kleine gelbe Blüte

MERKMALE Die einjährige Pflanze wächst niederliegend und wird 10–20 cm hoch. Der reich verzweigte Stängel ist kahl und rötlich überlaufen. Die ovalen bis spatelförmigen Blätter stehen fast gegenständig in schraubiger Anordnung. Sie sind auffallend fleischig verdickt. Die kleinen gelben Blüten sitzen in den Verzweigungen der Stängel. Sie haben 5 Blütenblätter und zahlreiche Staubbeutel.
VORKOMMEN Anzutreffen auf Äckern, in Gärten und auf Brachland.
VERWERTUNG Die Blätter, Blüten und Triebspitzen nutzt man als Salat und Gemüse sowie für Smoothies, Kräuterquark und Suppen. Der leicht salzig und säuerlich schmeckende Portulak sollte am besten roh genutzt werden. Beste Sammelzeit ist vor der Blüte, dann sind die Blätter schön bissfest und saftig. Das Wildgemüse enthält viel Vitamin C, viele Mineralien und Omega-3-Fettsäuren. Der Samen wurde früher genutzt, um Mehl zu strecken. Tee aus der Pflanze galt im Mittelalter als Blutreinigungsmittel.

Kletten-Labkraut
Galium aparine

JUNI–SEPTEMBER

Tipp für unterwegs

Vor allem Kinder lassen sich von der Klettenwirkung an der Bekleidung leicht begeistern.

Kelch mit hakigen Borsten

MERKMALE Die einjährige, bis zu 150 cm hohe Pflanze ist mit winzigen borstigen Häkchen besetzt, die wie ein Klettverschluss an der Kleidung haften bleiben. Ihr Stängel ist vierkantig und rau. Die Blätter stehen etagenweise meist zu 6–8 in Quirlen rund um den Stängel. Sie sind elliptisch mit stacheliger Blattspitze. Die Blüten stehen in achselständigen Büscheln. Sie sind unscheinbar grünlich weiß. Die Früchte sind kugelig und dicht mit hakigen Borsten besetzt.
VORKOMMEN Häufig anzutreffen an Hecken- und Waldrändern, aber auch in Gärten.
VERWERTUNG Die Blätter und Triebspitzen nutzt man wegen der störenden Klettenhaare nur gedünstet für Suppen und als Gemüse. Sie schmecken mild salatartig oder wie Erbsen. Die Blätter eignen sich auch für Smoothies und als Tee. Man kann die Pflanze auch entsaften und als Vitamindrink unter Orangensaft mischen. Die Samen sammelt man ab September. Sie werden ohne Fett geröstet und gemahlen als Kaffee-Ersatz verwendet.

Gewöhnlicher Beifuß
Artemisia vulgaris

JULI–OKTOBER

Tipp für unterwegs

☠ Schwach giftige Verwechslungsart ist vor der Blüte der gelb blühende Rainfarn (→ S. 151). Dessen Blätter sind unterseits nicht weißfilzig behaart.

rispenartige Blüten

MERKMALE Der beim Zerreiben würzig duftende Korbblütler wird 50–160 cm hoch. Sein reich verzweigter Stängel ist steif, kantig und meist braunrot überlaufen. Die Blätter sind fiederteilig und deutlich zweifarbig: Ihre Oberseite ist dunkelgrün, die Unterseite grauweiß behaart. Die zahlreichen kleinen braungelben Blütenköpfchen sitzen an den Stängelspitzen.
VORKOMMEN Wächst sehr häufig an Weg- und Straßenrändern sowie auf Äckern und Ödland.
VERWERTUNG Die Blätter und Blütenknospen der oberen Triebspitzen eignen sich frisch oder getrocknet als Gewürz für fette Speisen. Die jungen im Frühjahr gepflückten Blättchen würzen Salat, Suppen und Eierspeisen. Sie schmecken angenehm würzig und leicht bitter. Das blühende Kraut ergibt einen aromatischen Verdauungstee und kann auch für die Likörherstellung eingesetzt werden. Ernten Sie mittags, um möglichst viel Aromastoffe zu erhalten. Im Mittelalter war der Beifuß ein beliebtes Würzkraut und ein wichtiges Heilkraut in der Frauenheilkunde.

Kornblume
Centaurea cyanus

JUNI–
OKTOBER

Tipp für unterwegs

Ernten Sie die Blüten erst ab Mittag. Dann sind sie besonders gehaltvoll.

Körbchen mit blauen Röhrenblüten

MERKMALE Der einjährige Korbblütler wird 30–80 cm hoch. Sein aufrechter Stängel ist weißfilzig behaart. Auch die schmalen, lanzettlichen Blätter fühlen sich filzig an. Die unteren Blätter haben seitliche Ausbuchtungen. Die Blütenköpfe sind mit blauen, fünfzipfeligen Blütenröhren gefüllt. Die äußeren Einzelblüten sind vergrößert und bis zu einem Drittel eingeschnitten. Die Hüllblätter der Blütenköpfe sind schuppenförmig angeordnet.
VORKOMMEN Vereinzelt findet man die Kornblume auf Getreidefeldern, an Wegrändern und auf Brachland. Durch die Industrialisierung der Landwirtschaft ist sie immer seltener anzutreffen.
VERWERTUNG Frisch oder getrocknet eignen sich die ausgezupften Blütenröhren als essbare Dekoration. Man streut sie über Salat, belegte Brote und Desserts. Ihr Geschmack ist neutral. Mit getrockneten Blüten können Sie Gewürz- und Kräutersalzmischungen verschönern. Die Blütenköpfe der Kornblume sind ein hübscher Farbtupfer für Teemischungen.

Echte Kamille
Matricaria recutita

MAI–
AUGUST

Tipp für unterwegs

Pflücken Sie die Blüten erst, wenn der Blütenboden hochgewölbt ist und die Strahlenblüten nach unten umgeklappt sind. Dann sind sie besonders aromatisch.

Blütenboden hohl

MERKMALE Die aromatisch duftende einjährige Kamille wird 20–50 cm hoch. Der kahle Stängel ist stark verzweigt. Die feinen, fiederspaltigen Blätter sind zwei- bis dreifach geteilt in schmale fadenartige Abschnitte. Die Blütenköpfchen bestehen aus gelben Röhrenblüten und weißen Zungenblüten. Der kegelförmige Blütenboden ist innen hohl.
VORKOMMEN Verbreitet sich gern auf Brachland sowie an Feld-, Weg- und Straßenrändern.
VERWERTUNG Die Kamille hat einen guten Ruf als vielseitige Heilpflanze. Vor allem ist sie krampflösend und entzündungshemmend. Ihre duftenden Blütenköpfchen eignen sich aber nicht nur für Tee. Sie können auch zum Aromatisieren von Wein, Likör, Saft und Limonaden eingesetzt werden. Darin werden die Blüten 2–3 Stunden ausgezogen. Besonders aromatisch sind die kleinen gelben Röhrenblüten. Frische Blüten kann man über den Salat streuen – sie ergeben eine sehr delikate Dekoration. Die fein geschnittenen Blätter können ebenfalls im Salat verwendet werden.

Strahlenlose Kamille
Matricaria discoidea

MAI–AUGUST

Tipp für unterwegs

Mittags sind die für den Duft verantwortlichen ätherischen Öle in großer Menge vorhanden.

besitzt nur gelbgrüne Röhrenblüten

MERKMALE Die 20–40 cm hohe Pflanze riecht beim Zerreiben stark nach Kamille, aber mit fruchtigem Nachklang. Der ästige Stängel ist kahl und reich beblättert. Die Blätter sind fein gefiedert. Die Strahlenlose Kamille hat keine weißen Zungenblüten wie die Echte Kamille, sondern einen kegelförmigen Blütenkopf mit ausschließlich gelblich grünen Röhrenblüten. Der Blütenboden birgt eine Überraschung: Er ist innen hohl.
VORKOMMEN Wächst häufig an Wegen, Bahndämmen und Feldrändern.
VERWERTUNG Blätter und Blüten eignen sich als Beigabe zu Salat, aber auch zu Gemüsegerichten. Raffiniert schmecken fein gewiegte Blüten, die man gegen Ende der Garzeit unter ein Reisgericht mischt. Beim Erwärmen entwickeln die Blüten ein feines Ananasaroma. Außerdem nutzt man sie zum Aromatisieren von Wein, Likör, Limonade und Sirup. Die fruchtig schmeckenden Blüten lassen sich auch sehr gut als Tee verwenden. Er wurde früher gegen Wurmbefall eingesetzt.

Echter Steinklee
Melilotus officinalis

JUNI–SEPTEMBER

Tipp für unterwegs

Der Weiße Steinklee *(Melilotus albus)* ist genauso zu verwenden wie der Echte Steinklee.

dreigeteilte Blätter, am Rand gezähnt

MERKMALE Der zweijährige Schmetterlingsblütler wird bis zu 100 cm hoch. Beim Trocknen riecht er intensiv nach Waldmeister. Der aufrechte verästelte Stängel ist kantig. Die Blätter sind kleeartig dreigeteilt. Die Teilblättchen sind eiförmig und am Rand gezähnt. Die gelben, nach Honig duftenden Blüten hängen in langen, gestielten Trauben am Stängelende. Die Samen reifen in einer kahlen, runzeligen Hülse.
VORKOMMEN Sehr häufig anzutreffen an Weg- und Feldrändern sowie auf Ödflächen.
VERWERTUNG Die einige Stunden angewelkten Blütenähren eignen sich zum Aromatisieren von Tee, Saft, Limonade, Likör und Süßspeisen. Wenn man sie in der Milch mitkocht, kann man mit ihnen auch Pudding verfeinern. Erst beim Welken entsteht der aromatische Duft. Verwenden Sie wegen des Cumaringehalts Steinklee nur sparsam, ein reichlicher Genuss kann Kopfschmerzen verursachen. Die jungen, noch grünen Samenkapseln streut man fein gewiegt über Frischkäse.

Tüpfel-Johanniskraut
Hypericum perforatum

JUNI–SEPTEMBER

Tipp für unterwegs

Ernten Sie an einem sonnigen Tag um die Mittagszeit, dann sind die Blüten besonders wirkstoffreich.

Blüte am Rand schwarz punktiert

MERKMALE Die mehrjährige Staude wird 30–80 cm hoch. Ihr aufrechter, kahler Stängel ist rundlich und besitzt 2 sich gegenüberliegende kantige Längsleisten. Die oval-länglichen Blätter stehen sich gegenüber und sind durchsichtig punktiert. Die leuchtend gelben Blüten besitzen 5 Blütenblätter und büschelig angeordnete Staubblätter. Auf einer Seite sind die Blütenblätter gezähnt. Wenn sie zerrieben werden, färben sie dunkelrot.

VORKOMMEN Häufig verbreitet an Waldrändern, sonnigen Böschungen und auf mageren Wiesen.

VERWERTUNG Die Triebspitzen und zarten Blätter nutzt man im Frühjahr als Zutat für Salate und Eierspeisen. Die Blüten färben Öl, Essig oder Likör kräftig rot. Man kann sie jedoch auch als essbare Dekoration über Salate streuen. Das blühende Kraut ergibt einen angenehmen Tee, der geschmacklich an Schwarztee erinnert. In der Heilkunde nutzt man die frischen Blüten zur Herstellung des bekannten wundheilenden Johanniskraut-Öls.

Acker-Minze
Mentha arvensis

JULI–SEPTEMBER

Tipp für unterwegs

Ernten Sie die Acker-Minze, wenn die Pflanze zu blühen beginnt, dann schmeckt sie am besten.

keine Blüten am Stängelende

MERKMALE Die mehrjährige, aromatisch riechende Pflanze wird 15–40 cm hoch. Ihr vierkantiger Stängel ist behaart. Die Blätter stehen sich paarweise gegenüber. Sie sind länglich oval und am Rand schwach gesägt. Die rosa-violetten Lippenblüten sitzen etagenförmig in kugeligen Quirlen in den oberen Blattachseln und niemals – wie bei anderen Minzen – am Stängelende.

VORKOMMEN Acker-Minze wächst gerne auf feuchten Äckern, Wiesen und Brachland.

VERWERTUNG Blätter und Blüten ergeben einen milden, magenfreundlichen Tee mit zartem Minzaroma. Er hat eine anregende Wirkung auf die Gallensaftproduktion. Sie eignen sich auch gut zum Aromatisieren von Essig, Likör, Limonade oder zur Herstellung von Sirup. Frische, klein geschnittene Minzeblättchen passen vorzüglich zu süßen Quarkspeisen und Schokoladendesserts. Sie sind Bestandteil der englischen Minzsoße und können fein gewiegt auch über Bratkartoffeln und Salat gestreut werden.

Ross-Minze
Mentha longifolia

JULI–SEPTEMBER

Tipp für unterwegs

Ernten Sie die Minze mittags, dann ist ihr Duft besonders aromatisch.

Lippenblüte mit weit herausragender Narbe

MERKMALE Die mehrjährige Pflanze duftet aromatisch und wird 50–100 cm hoch. Ihr vierkantiger Stängel ist filzig behaart. Die Blätter sitzen dicht am Stängel und stehen sich paarweise gegenüber. Sie haben eine länglich lanzettliche Form, sind von unten graufilzig behaart und am Rand scharf gesägt. Die Blüten sind blasslila und stehen in langen Blütenähren am Ende des Stängels.
VORKOMMEN Häufig anzutreffen auf feuchten Äckern, Wiesen und an Wegrändern.
VERWERTUNG Blätter und Blüten nutzt man in kleinen Mengen als Würze für Salate. Sie eignen sich auch zum Aromatisieren von Cocktails, Limonade, Essig und Likör sowie von geschlagener Sahne. Da das Aroma von Minze gut mit allem Süßen harmoniert, lässt sich daraus auch Sirup oder nach Minze duftender Zucker herstellen. Auch zu Obstsalaten passt fein geschnittene Minze gut. Blätter und Blüten liefern einen verdauungsanregenden Tee, dem allerdings die typische Pfefferminznote (Menthol) fehlt.

Oregano (Dost, Wilder Majoran)
Origanum vulgare subsp. *vulgare*

JULI–SEPTEMBER

Tipp für unterwegs

Erst wenn der Oregano voll aufgeblüht ist, verströmen alle Pflanzenteile das beste Aroma.

eiförmige zugespitzte Blätter und rötlich überlaufener Stängel

MERKMALE Der mehrjährige Lippenblütler riecht herbwürzig und wird bis zu 50 cm hoch. Sein aufrechter Stängel ist rundlich bis leicht vierkantig, braunrot überlaufen und behaart. Die ovalen Blätter stehen sich paarweise gegenüber. Sie sind kaum gestielt und ganzrandig. Am Stängelende stehen halbkugelige, doldenartige Blütenstände. Die Kelchblätter der Einzelblüten sind purpurrot, die zarten Blütenblätter sind rosa gefärbt.
VORKOMMEN Fühlt sich wohl auf trockenen Wiesen, an sonnigen Hängen und Wegrändern.
VERWERTUNG Blätter und Blüten verwendet man frisch oder getrocknet. Vor allem die nach Oregano duftenden Blütenstände eignen sich für südländische Gerichte. Man sollte die Blüten aber nicht zu lange mitkochen, sonst verlieren sie viel von ihrem Duft. Die Blüten eignen sich auch zum Aromatisieren von Öl, Essig, Limonade und Spirituosen. Blätter und Blüten ergeben außerdem einen wohlschmeckenden Tee. Er wirkt verdauungsfördernd und ist ein hilfreiches Mittel bei Husten.

Weg-Malve

Malva neglecta

JUNI–SEPTEMBER

Tipp für unterwegs

Die auf trockenen Wiesen und an Straßenrändern häufig anzutreffende Moschus-Malve *(Malva moschata)* lässt sich für die gleichen Zwecke verwenden.

scheibenförmige Frucht

MERKMALE Die 15–40 cm hohe Weg-Malve hat einen niederliegenden Wuchs, nur der letzte Abschnitt jedes Triebs ist aufgerichtet. Der Stängel ist flaumig behaart. Die lang gestielten Blätter sind rundlich bis nierenförmig und fünf- bis siebenfach gelappt. Der Blattrand ist gekerbt. In den Blattachseln sitzen hellrosa-weiße Blüten. Die Früchte sind flach und rund. Sie erinnern an Hartkäselaibe – daher kommt auch der alte Name »Käsepappel«. Die Fruchtstiele sind – anders als bei der Wilden Malve – abwärts gebogen.

VORKOMMEN Wächst häufig an Weg- und Ackerrändern sowie in Gärten und Weinbergen.

VERWERTUNG Die Pflanze enthält viel Eiweiß und Provitamin A. Die zarten jungen Blätter machen sich hervorragend in Salaten. Sie schmecken mild und lassen sich auch gut zu Gemüse und Suppen verarbeiten. Die kleinen Blüten nutzt man als essbare Dekoration. Die unreifen, vom Kelch befreiten grünen Früchte eignen sich roh zum Knabbern oder man streut sie über Salate.

Wilde Malve

Malva sylvestris

JUNI–SEPTEMBER

Tipp für unterwegs

Beim Sammeln sollten Sie auf Blätter achten, deren Unterseite rot gesprenkelt ist. Sortieren Sie sie aus – sie sind von Pilzkrankheiten befallen.

Blatt fünffach gelappt und deutlich gekerbt

MERKMALE Diese Malve wird 50–120 cm hoch. Ihr Stängel ist rau behaart. Die rundlichen bis nierenförmigen Blätter sind fünf- bis siebenfach gelappt und am Rand gekerbt. In den Blattachseln sitzen büschelweise die lang gestielten Blüten. Die 5 Blütenblätter sind rosaviolett mit dunkleren Nerven. Die Staubfäden sind zu einer Säule verwachsen. Die Früchte sind scheibenförmig.

VORKOMMEN Wächst gerne an Wegrändern sowie auf Ödland.

VERWERTUNG Die jungen, zarten Blätter nutzt man vor der Blütezeit für Salat und Suppen. Sie haben ein angenehm mildes Aroma. Früher wurden sie auch gerne als spinatähnliches Gemüse gekocht. Sie enthalten viel Eiweiß und Eisen. Die Blüten sind eine attraktive Garnierung für Salate und Desserts. Sie eignen sich auch zum Färben von Speisen oder getrocknet als hübsche Farbtupfer in Teemischungen. Die grünen, scheibenförmigen Früchte kann man roh essen oder als Kapernersatz einlegen.

Großblütige Königskerze
Verbascum densiflorum

JUNI–SEPTEMBER

Tipp für unterwegs

Auch alle anderen Königskerzen-Arten können Sie für diese Zwecke nutzen. Sie haben allerdings relativ kleine Blüten.

Blatt am Stängel herablaufend

MERKMALE Die zweijährige Königskerze bildet im 1. Jahr nur eine Blattrosette. Im 2. Jahr erscheint der kerzenförmige, bis 250 cm hohe runde Blütenstängel. Die am Rand gekerbten Blätter sind lanzettlich und filzig behaart. Sie laufen ein Stück am Stängel herab. Die hellgelben Blüten bestehen aus 5 verwachsenen Blütenblättern und 3 wollig behaarten sowie 2 kahlen Staubbeuteln.
VORKOMMEN Diese beeindruckende Pflanze wächst häufig an sonnigen Böschungen, Bahndämmen sowie an Wegrändern.
VERWERTUNG Die wohlschmeckenden Blüten nutzt man zur Dekoration von Salaten und Desserts oder für Tee, Limonade und Sirup. Der Tee aus den Blüten schmeckt angenehm mild und leicht süßlich. Man sollte die Blüten möglichst vormittags ernten, denn mittags werden sie schlaff. Will man die Blüten roh verzehren, lohnt es sich unbedingt, die kratzigen Staubbeutel herauszuknipsen, da sie den Hals reizen.

Große Klette
Arctium lappa

JULI–SEPTEMBER

Tipp für unterwegs

Graben Sie die Wurzel im Spätherbst des 1. Jahres oder im zeitigen Frühjahr des 2. Jahres, wenn die Pflanze noch nicht blüht. Später wird die Wurzel holzig.

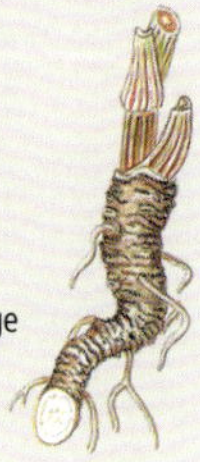

dicke, fleischige Wurzel

MERKMALE Der 50–160 cm hohe Korbblütler bildet seinen rötlich überlaufenen kantigen Blütenstängel erst im 2. Jahr aus. Die Blätter sind sehr groß, rundlich herzförmig und meist ganzrandig und gewellt. Oberseits sind sie grün und unterseits weißgrau behaart. Die purpurroten Blütenkörbchen sind kugelförmig. Die Einzelblüten besitzen hakenförmige Hüllblätter, mit denen sie an Kleidern haften bleiben. Die Pflanze besitzt eine fleischige Pfahlwurzel, die außen schwarz gefärbt ist.
VORKOMMEN Findet sich häufig an Wegrändern sowie auf Brachland.
VERWERTUNG Kletten-Blätter sind ziemlich bitter, aber die geschälte Wurzel ergibt ein ausgesprochen delikates Gemüse, das entfernt an Schwarzwurzeln erinnert. Man nutzt sie für Suppen oder fein geraspelt in Salaten. Auch das Mark der jungen Blatt- und Blütenstängel – man erntet sie im Mai und Juni – hat ein feines artischockenähnliches Aroma. Die geschälten Stängel kann man genauso wie Spargel zubereiten.

Gewöhnliche Wegwarte
Cichorium intybus var. *intybus*

JULI–SEPTEMBER

Tipp für unterwegs

Wegwartenblüten werden vormittags geerntet, mittags verlieren sie sichtbar an Vitalität.

Grundblätter sind löwenzahnartig

MERKMALE Die milchsafthaltige Pflanze wird 30–150 cm hoch. Ihr kantiger Stängel ist verzweigt und sparrig. Die bodennahen Blätter stehen in einer Rosette und sind ähnlich wie Löwenzahnblätter gezähnt. Auf der Unterseite sind sie borstig behaart. Die oberen Blätter sind länglich schmal und umfassen den Stängel. Die großen Blütenköpfe bestehen aus hellblauen, fünfzipfeligen Zungenblüten. Sie stehen in den Achseln der oberen Blätter.
VORKOMMEN Findet sich häufig an Weg- und Straßenrändern sowie auf Brachland.
VERWERTUNG Die jungen Blätter der Rosette erntet man, bevor die Pflanze blüht, und nutzt sie für Salat, Quark und Gemüse. Sie schmecken fein-bitter. Die ausgezupften Blüten eignen sich als essbare Dekoration oder man nutzt sie für einen leicht bitteren Tee. Die kräftige Wurzel erntet man ab September als Gemüse. Geröstete Wurzeln eignen sich als Kaffee-Ersatz. Weil Wurzeln und Blätter einen hohen Bitterstoffgehalt haben, wässert man sie 20 Minuten in lauwarmem Wasser.

Gewöhnlicher Meerrettich
Armoracia rusticana

MAI–JULI

Tipp für unterwegs

Zur Wurzelernte benötigen Sie eventuell einen Spaten.

kräftige Wurzel

MERKMALE Meerrettich ist eine 50–120 cm hohe Staude mit dicker, fleischiger Wurzel. Der Stängel ist hohl und hat längs verlaufende Kanten und Rillen. Die großen, bis zu 1 m langen Grundblätter sind lang gestielt und gewellt. Die Blattoberfläche ist glänzend, der Blattrand unregelmäßig gekerbt. Die Blüten stehen in dichter Traube. Sie besitzen 4 weiße Blütenblätter.
VORKOMMEN Ursprünglich angebaut, inzwischen auch häufig verwildert an Weg- und Feldrändern anzutreffen.
VERWERTUNG Die im März und April gesammelten Blätter dienen fein geschnitten als delikate Salatwürze. Die Blüten eignen sich als scharfe, essbare Dekoration. Die weißfleischige Wurzel ist als Gewürz bekannt. Frisch gerieben verleiht sie vielen Gerichten eine intensive Schärfe. Man kann sie das ganze Jahr über ausstechen, aber erst ab September besitzt sie das beste Aroma. Aufgrund des hohen Gehalts an Senfölglykosiden gilt die Meerrettich-Wurzel als pflanzliches Antibiotikum.

Gewöhnliche Nachtkerze
Oenothera biennis

JUNI–AUGUST

Tipp für unterwegs

Graben Sie die Wurzel im Herbst des 1. Lebensjahres, wenn die Pflanze nur als Rosette sichtbar ist. Dann ist sie zart und mild-süßlich.

rötliche Pfahlwurzel

MERKMALE Die zweijährige Pflanze wird 50–150 cm hoch. Ihr aufrechter, behaarter Stängel ist etwas kantig. Die bodennahen lanzettlichen Grundblätter stehen in einer Rosette. Die hellgrünen Stängelblätter sind lang, schmal und spitz. Oft sind sie rötlich überlaufen. Die großen gelben Blüten sitzen in den Achseln der oberen Blätter. Sie öffnen sich abends und duften nachts.

VORKOMMEN Verbreitet sich gerne an Wegrändern, Böschungen und Bahndämmen.

VERWERTUNG Die nach Mangold schmeckenden Blätter der Grundrosette erntet man vor der Blüte und bereitet sie als Suppe oder Gemüse zu. Die jungen Blütenstängel kann man geschält roh essen oder dünsten. Blütenknospen und Blüten sind über Salat gestreut eine Delikatesse. Die Blüten nutzt man auch als mild-süßlichen Tee. Beliebt ist die aromatische rötliche Wurzel, die geschmacklich an Schwarzwurzeln erinnert. Sobald sich der Blütenstängel gebildet hat, wird die Wurzel jedoch holzig. Andere Nachtkerzen-Arten sind genauso verwendbar.

Kriech-Quecke
Elymus repens

JUNI–AUGUST

Tipp für unterwegs

Am besten schmecken die saftigen Spitzen der Wurzelausläufer, erkennbar an der weißen Farbe. Ältere Wurzelteile sind faserig und gelblich.

lange unterirdische Wurzelausläufer

MERKMALE Die Quecke ist ein 30–120 cm hohes Gras. Ihre bläulich grünen Blätter sind oberseits rau. Am Grund umfassen sie den Stängel und sind an dieser Stelle zu schmalen sogenannten Öhrchen ausgezogen. Die lange Ähre ist mit 2 Zeilen von Ährchen besetzt, die mit der Breitseite an der Achse liegen. Die Blüten werden durch oben zugespitzte fünfnervige Hüllblätter geschützt. Die Pflanze besitzt lange weiße, unterirdisch kriechende Wurzelausläufer.

VORKOMMEN Häufig zu finden an Wegrändern, in Gärten, auf Äckern und Wiesen.

VERWERTUNG Das Gartenunkraut lässt sich vielseitig nutzen. Die zarten Frühlingsblätter kann man fein gehackt unter Salat mischen. Ihr Geschmack ist mild und leicht süßlich. Die stärke- und eiweißreichen Wurzeln lassen sich zu einem angenehmen Tee verarbeiten. Man kann sie auch entsaften und den Saft frisch trinken oder zu Sirup weiterverarbeiten. Durch Rösten kann man aus im Herbst gegrabenen Wurzeln einen Kaffee-Ersatz herstellen.

Früchte von Bäumen und Sträuchern

Zu dieser Gruppe zählen verholzende Pflanzen. Die vorgestellten Arten finden sich in Hecken, in Wäldern und an Waldrändern, aber auch in Gärten und Parkanlagen. Viele tragen leckere Wildfrüchte und versorgen uns im Herbst mit Vitaminen.

Hänge-Birke
Betula pendula

APRIL–MAI

Tipp für unterwegs

Schon im April können Sie die Blätter ernten.

männliche Kätzchen

MERKMALE Der bis zu 25 m hohe Baum hat eine weiße Rinde, die im Alter dunkle Risse zeigt. Die Zweigspitzen hängen herab. Die rautenförmigen Blätter sind am Rand gesägt und zugespitzt. Die weiblichen Blütenkätzchen sind grünlich und aufrecht, die männlichen gelbbraun und hängend. Die Fruchtstände sind walzenförmig.
VORKOMMEN In Laubwäldern, Mooren und auf Heiden.
VERWERTUNG Die jungen, mild schmeckenden Blätter nutzt man kurz nach dem Austrieb als Salat; ältere Blätter als Bestandteil von Tee. Aus frischen Birken- und Brennnesselblättern kann man einen entwässernden, stoffwechselanregenden Frühjahrstee zubereiten.

Gewöhnliche Fichte
Picea abies

MAI–JUNI

Tipp für unterwegs

☠ Giftige Verwechslungsart ist die Eibe (→ S. 149). Sie hat allerdings weiche, biegsame und abgeflachte Nadeln.

rötlicher weiblicher Blütenstand

MERKMALE Der Nadelbaum mit der rotbraunen schuppigen Rinde wird 30–40 m hoch. Die steifen, spitzen Nadeln sind vierkantig und stehen nach allen Seiten ab. Männliche Blüten sind gelblich, die weiblichen hellrot. Die hängenden Zapfen fallen als Ganzes zu Boden.
VORKOMMEN Häufig in Wäldern anzutreffen.
VERWERTUNG Die hellgrünen Frühlingstriebe werden im April und Mai geerntet. Man verarbeitet sie zu Sirup, Tee oder nutzt sie zum Aromatisieren von Spirituosen und Likören. Fein gehackt eignen sie sich als Gewürz für Salat. Sie schmecken roh angenehm säuerlich nach Zitrone. Ältere Triebe werden ungenießbar.

Berg-Ulme
Ulmus glabra

MÄRZ–APRIL

Tipp für unterwegs

purpurrote Blütenbüschel

MERKMALE Der Baum wird bis zu 30 m hoch. Die Blätter sind am Grund unsymmetrisch und auf der Oberseite rau. Am Rand sind sie scharf gesägt. Die purpurroten Blüten erscheinen vor den Blättern und sitzen in dichten Büscheln. Der Same sitzt in einer geflügelten Frucht.
VORKOMMEN Wächst in Schlucht- und Hangwäldern.
VERWERTUNG Junge Blätter nutzt man für Salat und Tee. Man erntet sie im April, solange die Blattnerven noch nicht zäh sind. Die süßlichen, weich geflügelten Samen sind sehr mild. Sie werden schon im Mai gepflückt. Man isst sie roh, gibt sie in Salat oder macht daraus Chips, indem man sie mit Öl bepinselt, salzt und im Backofen kurz bäckt.

Sommer-Linde
Tilia platyphyllos

JUNI

Tipp für unterwegs

Die Winter-Linde *(Tilia cordata)* ist genauso verwertbar.

herzförmige, zugespitzte Blätter

MERKMALE Der Baum wird bis zu 40 m hoch. Die am Rand gesägten Blätter sind herzförmig. Auf der Unterseite des Blatts sitzen in den Nervenachseln kleine weiße Haarbüschel. Die gelbweißen, duftenden Blüten hängen zu zweit bis zu fünft an einem flügelartigen Tragblatt.
VORKOMMEN Häufig findet man sie an Straßen, Dorfplätzen und in Parks.
VERWERTUNG Die jungen Blätter entfalten sich im April. Sie haben dann ein mildes Aroma und sind eine gute Beigabe für Salat. Man kann sie auch wie Spinat zubereiten. Aus den Blüten lässt sich ein leckerer süßlicher Tee herstellen oder man aromatisiert damit Sirup und Limonade.

Schwarzer Holunder
Sambucus nigra

MAI–JUNI

Tipp für unterwegs

☠ Giftige Verwechslungsart ist der Zwerg-Holunder (→ S. 150).

Blatt mit 5 Fiedern

MERKMALE Der bis zu 7 m hohe Strauch hat mit weißem Mark gefüllte Zweige. Die Blätter sind aus 5–7 eiförmigen und am Rand gesägten Teilblättchen zusammengesetzt. Die cremeweißen Blüten stehen doldenartig zusammen. Die glänzenden schwarzen Früchte reifen im August.
VORKOMMEN An Waldrändern, Hecken und in Gärten.
VERWERTUNG Mit den süßlich duftenden Blüten aromatisiert man Desserts, Tee, Essig und Limonade oder man bäckt sie in Pfannkuchenteig aus (Hollerküchle). Die vitaminreichen Früchte eignen sich für Gelee, Saft, Likör oder Früchtetee. Ihr Geschmack ist herb-fruchtig. Rohe Beeren sind schwach giftig, das Gift baut sich aber beim Erhitzen ab.

Kornelkirsche (Herlitze)
Cornus mas

FEBRUAR–APRIL

Tipp für unterwegs

Die Früchte möglichst überreif ernten.

kleine gelbe Blüten

MERKMALE Der verzweigte Strauch wird 6 m hoch. Die Borke des Stamms blättert schuppig ab. Die ovalen, glattrandigen Blätter stehen sich paarweise gegenüber. Die kleinen gelben Blüten erscheinen vor dem Laub. Sie sitzen in büscheligen Dolden. Die eiförmige Frucht reift im August und wird dann glänzend dunkelrot.
VORKOMMEN Wächst an Waldrändern und sonnigen Hecken. Im Norden seltener.
VERWERTUNG Roh kann man die Früchte nur essen, wenn sie ganz reif sind, denn sie sind sehr sauer. Man verarbeitet sie zu Fruchtaufstrich, Saft, Likör oder Wein. Geschmacklich ähneln sie der Johannisbeere. Sie enthalten viel Vitamin C.

Gewöhnliche Felsenbirne
Amelanchier ovalis

APRIL–JUNI

Tipp für unterwegs

☠ Giftige Verwechslungsart ist der Faulbaum, der jedoch ganzrandige Blätter hat.

Blatt am Rand fein gezähnt

MERKMALE Der Strauch wird bis zu 3 m hoch. Die jungen Blätter sind vor allem unten filzig behaart. Sie sind lang gestielt, oval und am Rand fein gesägt. Die weißen, etwas intensiv riechenden Blüten sitzen in Rispen an den Zweigenden. Sie blühen vor dem Blattaustrieb. Die erbsengroßen schwarzen Früchte sind rot-bläulich bereift.
VORKOMMEN Eher selten; an felsigen Hängen und sonnigen Waldrändern. Manchmal in Parks und Gärten.
VERWERTUNG Die saftigen Früchte reifen ab August. Sie schmecken leicht süßlich. Man kann sie roh essen oder zu Fruchtaufstrich, Saft, Likör und Kuchenbelag verarbeiten. Getrocknet nutzt man die vitaminreichen Früchte für Müsli.

Vogel-Kirsche
Prunus avium

APRIL–MAI

Tipp für unterwegs

Eine Verwechslung ist mit der Sauer-Kirsche *(Prunus cerasus)* möglich. Sie ist jedoch genauso nutzbar.

weiße, lang gestielte Blüte

MERKMALE Der bis zu 20 m hohe Baum hat einen rotbraunen Stamm mit quer verlaufenden Korkporen. Die länglich ovalen Blätter sind am Rand gesägt, die Adern auf der Blattunterseite behaart. Auffallend sind 2–4 rot gefärbte Nektardrüsen auf dem Blattstiel. Die weißen Blüten erscheinen vor dem Laub in kleinen Büscheln. Ab Juni reifen die dunkelroten, kleinen Kirschen.
VORKOMMEN In Mischwäldern und an Waldrändern.
VERWERTUNG Die bittermandelartig duftenden Blüten nutzt man für Tee. Aus den saftigen, doch fleischarmen Kirschen bereitet man Saft, Gelee und Fruchtaufstrich. Sie schmecken fruchtig mit einem herb-bitteren Nachklang.

Traubenkirsche
Prunus padus

APRIL–JUNI

Tipp für unterwegs

☠ Giftige Verwechslungsarten sind Liguster (→ S. 152) und Kreuzdorn (→ S. 152).

Blatt am Rand gesägt

MERKMALE Der Strauch wird bis zu 10 m hoch. Die wechselständigen Blätter sind eiförmig und zugespitzt sowie am Rand gesägt. Am Blattstiel befinden sich 2 Nektardrüsen. Die stark duftenden weißen Blüten hängen in Trauben am Zweigende. Ab Juli reifen die erbsengroßen glänzend schwarzen Früchte.
VORKOMMEN In Auwäldern, Hecken und an Waldrändern.
VERWERTUNG Die Blüten duften nach Bittermandeln und eignen sich für Teemischungen und zum Aromatisieren von Zucker. Aus dem säuerlich-süßen Fruchtfleisch bereitet man Fruchtaufstrich, Gelee und Saft. Der Kern ist leicht giftig und muss deshalb entfernt werden.

Gewöhnliche Berberitze
Berberis vulgaris

APRIL–JUNI

MERKMALE Der 1–3 m hohe Strauch ist mit langen, dreiteiligen Dornen besetzt. Die Blätter stehen in Büscheln, sind eiförmig und am Rand stachelig gezähnt. Die gelben Blüten riechen unangenehm. Die länglichen Beeren werden ab September leuchtend rot und sitzen in hängenden Trauben.
VORKOMMEN In Wildhecken und an Waldrändern.
VERWERTUNG Die sehr sauren Früchte schmecken zitronig und enthalten viel Vitamin C. Man nutzt sie zum Aromatisieren von Spirituosen. Sie eignen sich auch für Fruchtaufstrich und Saft, am besten gemischt mit süßem Obst. Getrocknet mischt man sie in Müsli. Frieren Sie die Beeren für kurze Zeit ein, dann verlieren sie etwas von ihrer Säure.

Tipp für unterwegs

Tragen Sie beim Ernten Handschuhe, denn die Dornen sind sehr unangenehm.

meist dreiteilige Dornen

Gewöhnliche Hasel
Corylus avellana

FEBRUAR–MÄRZ

MERKMALE Die Hasel wird bis zu 5 m hoch. Die Blätter sind rundlich, weich behaart und am Rand gesägt. Die Blüten erscheinen lange vor dem Laub: männliche als gelbe, hängende Kätzchen, weibliche als kleine Knospen mit tiefroten Narben. Die Nuss reift ab September.
VORKOMMEN Häufig an Waldrändern und in Hecken.
VERWERTUNG Die jungen Blätter kann man zu einem milden Tee verarbeiten. Die fett- und eiweißreichen Haselnüsse werden nach dem Sammeln getrocknet und von der Schale befreit. Man nutzt sie zum Backen, im Müsli oder für süße Brotaufstriche. Durch kurzes Rösten in einer trockenen Pfanne intensiviert sich das Nussaroma.

Tipp für unterwegs

Sortieren Sie beim Sammeln Nüsse aus, die durch den Haselnussbohrer geschädigt sind. Sie sind gut erkennbar am Fraßloch.

weibliche Blüten

Heide-Wacholder
Juniperus communis

APRIL–MAI

MERKMALE Der immergrüne säulenförmige Baum wird 3–10 m hoch. Seine Nadeln sind steif, spitz, oberseits mit einem weißen Mittelband. Sie stehen zu dritt in einem Quirl. Die männlichen Blüten sind gelb, die weiblichen grün. Die erbsengroßen Früchte (Beerenzapfen) sind erst grün, dann blauschwarz. Zum Reifen brauchen sie 3 Jahre. Dann haben sie einen intensiven Duft.
VORKOMMEN Vor allem im Norden in Kiefernwäldern, Heiden und Mooren.
VERWERTUNG Die Beeren nutzt man frisch oder getrocknet als Gewürz und zum Aromatisieren von Spirituosen/Likör. Sparsam sein: In großen Mengen reizen sie Magen/Nieren.

Tipp für unterwegs

Die würzigen Beerenzapfen können Sie ab September ernten.

reifer Beerenzapfen, blauschwarz

Sanddorn
Hippophae rhamnoides

APRIL–MAI

Tipp für unterwegs

Tragen Sie beim Ernten Handschuhe (Dornen!).

männliche Blüte

MERKMALE Der 2–5 m hohe Strauch hat lange, spitze Dornen. Die schmalen langen Blätter sind oberseits graugrün, unten silbrig schimmernd. Die gelblich braunen Blüten erscheinen vor dem Laub. Männliche und weibliche Blüten sitzen auf verschiedenen Pflanzen. Ab September reifen leuchtend orange Früchte.
VORKOMMEN Wird häufig angepflanzt; selten wild in den Dünen der Küste und im Alpenvorland.
VERWERTUNG Die sehr vitaminreichen Früchte eignen sich für Saft, Aufstrich, Likör und Desserts. Roh schmecken sie sehr sauer, aber gesüßt sind sie frisch-fruchtig. Das Mischen mit süßem Obst unterstreicht das feine Aroma.

Rot-Buche
Fagus sylvatica

APRIL–MAI

Tipp für unterwegs

junge Blätter bewimpert

MERKMALE Der bis zu 40 m hohe Baum hat eine glatte, graue Rinde. Die ovalen Blätter sind am Rand etwas gewellt. Männliche Blüten bilden hängende Kätzchen, weibliche hingegen aufrechte Köpfchen. Die dreikantigen rotbraunen Früchte (Bucheckern) sitzen in stacheligen Bechern. Sie reifen ab September.
VORKOMMEN Häufiger Baum der Laubwälder.
VERWERTUNG Die angenehm säuerlichen Frühlingsblätter eignen sich für Salat und zum Aromatisieren von Limonade und Likör. Aus den Bucheckern wurde früher Öl gepresst. Roh sind sie in großen Mengen unverträglich, geröstet aber sehr bekömmlich und schmecken mandelähnlich.

Eingriffliger Weißdorn
Crataegus monogyna

MAI–JUNI

Tipp für unterwegs

Den Zweigriffligen Weißdorn *(Crataegus laevigata)* können Sie genauso verwenden.

ca. 1 cm große Früchte

MERKMALE Der 2–6 m hohe Strauch ist dicht verzweigt und mit langen Dornen besetzt. Die Blätter sind drei- bis siebenfach tief gelappt. Die unangenehm riechenden weiße Blüten stehen in doldigen Rispen und besitzen einen Griffel. Die eiförmigen glänzend roten Früchte haben nur einen Kern, während der Zweigrifflige Weißdorn zwei hat.
VORKOMMEN Wächst an Waldrändern und in Hecken.
VERWERTUNG Man nutzt die Blüten und Blätter für einen herzstärkenden Tee. Die ganz jungen Blätter eignen sich auch gut als Zutat für einen Salat. Die ab September reifenden Früchte schmecken mehlig-fad. Gemischt mit süßem Obst kann man sie zu Fruchtaufstrichen verarbeiten.

Schlehe (Schwarzdorn)

Prunus spinosa | MÄRZ–APRIL

Tipp für unterwegs

Wegen der kräftigen Dornen sollten Sie Schlehenfrüchte unbedingt mit Handschuhen ernten.

abstehende Dornen

MERKMALE Der bis zu 3 m hohe Strauch hat schwarze, glatte Zweige und abstehende Dornen. Die Blätter sind länglich oval und am Rand fein gesägt. Die weißen, kleinen Blüten erscheinen vor dem Laub. Die ab Oktober reifenden kugeligen Früchte sind blauschwarz und weißlich bereift. Der Kern ist fest mit dem Fruchtfleisch verwachsen.
VORKOMMEN Häufig an Waldrändern und in Hecken.
VERWERTUNG Die Blüten mit Bittermandelaroma nutzt man für Teemischungen oder zum Kandieren. Die gerbstoffreichen Früchte sind sehr herb. Sie werden aber mit zunehmender Reife immer milder. Man kann sie dann sehr gut zu Saft, Likör, Wein oder Fruchtaufstrich verarbeiten.

Hunds-Rose

Rosa canina | MAI–JUNI

Tipp für unterwegs

Achten Sie beim Ernten auf die stacheligen Zweige und tragen Sie Handschuhe.

Blattrand gesägt

MERKMALE Der bis zu 3 m hohe Strauch hat überhängende Zweige mit sichelartig gekrümmten Stacheln. Die Blätter sind fünf- bis siebenfach gefiedert. Die Teilblättchen sind oval und gesägt. Die 5 Blütenblätter sind zartrosa. Ab September reifen die roten, eiförmigen Früchte (Hagebutten).
VORKOMMEN Häufig in Hecken und an Waldrändern.
VERWERTUNG Die Blütenblätter eignen sich zum Aromatisieren von Zucker, Essig und Tee. Die sehr vitaminreiche Hagebutte ist Grundlage für Fruchtmus und Likör. Ihr Geschmack ist angenehm süß-säuerlich. Sie eignet sich auch für einen Früchtetee. Zum Entkernen Handschuhe tragen – die Kerne besitzen juckende Härchen.

Gew. Eberesche/Vogelbeere

Sorbus aucuparia subsp. *aucuparia* | MAI–JUNI

Tipp für unterwegs

Die Früchte können mit denen des schwach giftigen Trauben-Holunders (→ S. 150) verwechselt werden.

Blatt mit 11 Fiedern

MERKMALE Die Eberesche wird bis zu 15 m hoch. Die Blätter bestehen aus 11–19 schmalen, zugespitzten Teilblättchen. Sie sind gleichmäßig gesägt. Die gelbweißen Blüten stehen in doldenartigen Rispen. Die orangeroten Früchte sind kugelig und erbsengroß. Sie reifen ab September.
VORKOMMEN Häufig in Laubwäldern, Parks sowie an Waldrändern.
VERWERTUNG Die an Vitamin C reichen Beeren sind roh ungenießbar, denn die Kerne enthalten einen Stoff, der den Magen reizt. Vor Gebrauch friert man sie einige Tage ein. Man nutzt sie gekocht und gemischt mit mildem Obst für Fruchtaufstrich und Likör.

Giftige Doppelgänger

Einige essbare Wildpflanzen haben giftige Doppelgänger. In diesem Kapitel finden Sie die wichtigsten Unterscheidungsmerkmale. Bei manchen Pflanzen ist der Genuss lebensgefährlich. Deshalb sollten Sie unbedingt auf das Sammeln verzichten, wenn Sie unsicher sind.

Gefleckter Aronstab
Arum maculatum | APRIL–JUNI

Junge Blätter ähneln Bär-Lauch. Ältere sind pfeilförmig. Blattadern netzförmig, nicht parallel. Duft nicht knoblauchartig. Keine Zwiebel, sondern Wurzelstock.
SYMPTOME Heftiges Brennen im Mund, Anschwellen der Schleimhäute. Mäßig giftig. Giftwirkung reduziert sich beim Erhitzen.

Roter Fingerhut
Digitalis purpurea | JUNI–AUGUST

Junge Blätter ähneln Beinwell, aber samtig weich behaart und nicht rau. Am Rand gekerbt. Stängel nicht kantig.
SYMPTOME Übelkeit und Erbrechen. Die in der Pflanze enthaltenen Glykoside können Herzrhythmusstörungen und Herzstillstand auslösen. Sehr giftig.

Gefleckter Schierling
Conium maculatum | JUNI–AUGUST

Ähnliche Blätter wie Kümmel, Möhre und Süßdolde. Riecht unangenehm nach Mäuseharn. Stängel blau bereift mit rotbraunen Flecken. 2–4 nach außen gerichtete Hüllchen unter den Döldchen.
SYMPTOME Brennen im Mund, Übelkeit, Erbrechen, Atemlähmung. Sehr giftig.

Hecken-Kälberkropf
Chaerophyllum temulum | MAI–JU

Ähnliche Blätter wie Giersch und Engelwurz. Stängel rau behaart und rot gefleckt. Blattfiedern behaart und gekerbt. 4–8 bewimpert Hüllchen unter den Döldchen.
SYMPTOME Schleimhautreizung und Schwindelgefühl. Schwach giftig. Vergiftungen nur bei Weidevieh beobachtet.

Hundspetersilie

Aethusa cynapium | JUNI–SEPTEMBER

Blätter ähneln Kümmel, Süßdolde und Möhre. Riecht unangenehm lauchartig. Stängel oft rot überlaufen. Blätter glänzend, kahl. 3 schmale, einseitig abwärtsgerichtete Hüllchen unter den Döldchen.

SYMPTOME Brennen im Mund. Erbrechen, Krämpfe, Atemlähmung. Sehr giftig.

Riesen-Bärenklau

Heracleum mantegazzianum | JUNI–AUGUST

Verwechslung möglich mit Wiesen-Bärenklau. Bis zu 3 m hohe Pflanze. Stängel rot gefleckt. Blätter spitz gezähnt.

SYMPTOME Bei Hautkontakt kommt es unter Einwirkung von Sonnenlicht zu verbrennungsähnlichen Hautreizungen. Fototoxisch.

Giftiger Wasserschierling

Cicuta virosa | JUNI–AUGUST

Verwechslung möglich mit Kümmel und Möhre. Gelblicher Pflanzensaft, der sellerieartig riecht. Schmale, scharf gezähnte Blattfiedern. Knolliger Wurzelstock mit hohlen Kammern. Sehr selten.

SYMPTOME Brennen im Mund, Erbrechen, Krämpfe, Atemlähmung. Sehr giftig.

Europäische Eibe

Taxus baccata | MÄRZ–APRIL

Verwechslung mit Fichte denkbar. Nadeln flach, weich, biegsam und zweizeilig angeordnet. Fichtennadeln vierkantig und steif. Rote Beeren statt Zapfen.

SYMPTOME Erbrechen, Durchfall und Atemlähmung. Sehr giftig, mit Ausnahme des roten Fruchtfleischs.

Zwerg-Holunder

Sambucus ebulus | JUNI–JULI

Ähnlich dem Schwarzen Holunder, aber max. 150 cm hohe Staude (nicht verholzend!). Aufrechter Fruchtstand, beim Schwarzen Holunder überhängend. Staubbeutel purpurn und nicht gelb.
SYMPTOME Übelkeit, Erbrechen und Durchfall, vor allem roh! Mäßig giftig.

Trauben-Holunder

Sambucus racemosa subsp. *racemosa* | MÄRZ–MAI

Früchte ähnlich wie die der Eberesche. Blätter nur drei- bis fünffach gefiedert, die Eberesche hat 9–17 Fiederblättchen. Traubenförmiger Blütenstand.
SYMPTOME Löst roh Übelkeit und Verdauungsstörungen aus. Gekocht und entkernt genießbar. Kaum giftig.

Fuchs-Eisenhut

Aconitum lycoctonum subsp. *vulparia* | JUNI–AUGUST

Ähnliche Blätter wie der essbare Wiesen-Storchschnabel und der giftige Blaue Eisenhut. Deutliches Erkennungszeichen: helmförmige Blüten.
SYMPTOME Kältegefühl, Übelkeit und Erbrechen. Kreislauf- und Atembeschwerden. Sehr giftig.

Blutroter Hartriegel

Cornus sanguinea | MAI–JUNI

Verwechslung denkbar mit der Traubenkirsche. Blätter mit bogenförmigen Blattnerven. Dunkelrote Herbstfärbung. Blätter ganzrandig, während Traubenkirsche am Blattrand gesägt ist.
SYMPTOME Selten Übelkeit und Durchfall. Ungenießbar und kaum giftig.

Rauschbeere

Vaccinium uliginosum | MAI–JUNI

Ähnlichkeit mit der Heidelbeere. Runde Zweige, braune Rinde, ganzrandige Blätter. Farbloses Fruchtfleisch und fader Geschmack.
SYMPTOME Rauschartige Zustände mit Schwindel und Sehstörungen, werden eventuell durch schmarotzenden Pilz ausgelöst. Schwach giftig.

Jakobs-Greiskraut

Senecio jacobaea | JULI–OKTOBER

Blätter ähnlich wie die der Magerwiesen-Margerite, sie sind aber deutlich größer, tief gelappt und der Blattrand ist nicht gezähnt. Margeritenblätter sind grob gezähnt. Blüht gelb.
SYMPTOME Enthält Pyrrolizidinalkaloide, die in großen Mengen Leberschäden hervorrufen können. Schwach giftig.

Rainfarn

Tanacetum vulgare | JULI–SEPTEMBER

Anhand der Blätter Verwechslung mit Beifuß möglich. Blätter sind beidseitig grün. Beifußblätter unterseits weißfilzig behaart. Blüht gelb.
SYMPTOME Enthält ätherisches Öl mit Thujon. Kann Krämpfe, Sehstörungen und Leberschäden auslösen. Mäßig giftig.

Acker-Schöterich

Erysimum cheiranthoides | MAI–SEPTEMBER

Verwechslung möglich mit Acker-Senf und Barbarakraut. Besitzt ganzrandige lanzettliche Blätter und keine buchtig gezähnten Blätter. Anliegend behaart.
SYMPTOME Erregungszustände. Enthält vor allem im Samen herzwirksame Glykoside. Mäßig giftig.

Echter Kreuzdorn
Rhamnus cathartica | MAI–JUNI

Besitzt ähnliche Beeren wie die Traubenkirsche. Blätter stehen sich im Gegensatz zur Traubenkirsche paarweise gegenüber und besitzen bogenförmige Nerven. Zweige enden oft in einem Dorn.
SYMPTOME Erbrechen und Durchfall. Mäßig giftig.

Gewöhnliches Maiglöckchen
Convallaria majalis | MAI–JUNI

Besitzt Bär-Lauch-ähnliche Blätter. Kein knoblauchartiger Blattduft, keine Zwiebel. 2 Blätter am Stängel, kommen ineinander gerollt aus der Erde. Blätter ohne Stiel, den Stängel umfassend, unterseits glänzend.
SYMPTOME Übelkeit, Erbrechen und Herzrhythmusstörungen. Sehr giftig.

Gewöhnlicher Liguster
Ligustrum vulgare | JUNI–JULI

Früchte ähneln denen der Traubenkirsche. Die schmalen Blätter stehen sich paarweise gegenüber, bei der Traubenkirsche sind sie wechselständig. Blütenrispen aufrecht und nicht hängend. Früchte sehr bitter.
SYMPTOME Erbrechen, Durchfall und Krämpfe. Schwach giftig.

Salomonssiegel
Polygonatum odoratum | MAI–JUN

Einzelne Blattfiedern ähneln dem Bär-Lauch. Kein knoblauchartiger Blattduft und keine Zwiebel. Ungestielte Blattfiedern stehen wechselständig an einem kantigen Stängel. Hängende Einzelblüten.
SYMPTOME Erbrechen und Durchfall. Schwach giftig.

Quirlblättrige Weißwurz
Polygonatum verticillatum | MAI–JUNI

Einzelne Blattfiedern ähneln dem Bär-Lauch. Kein knoblauchartiger Blattduft und keine Zwiebel. Ungestielte Blattfiedern stehen wechselständig am runden Stängel. Hängende Büschel mit 2–3 Blüten.
SYMPTOME Erbrechen und Durchfall. Schwach giftig.

Gewöhnliche Haselwurz
Asarum europaeum | MÄRZ–MAI

Blätter ledrig und glänzend, Verwechslung mit dem Veilchen denkbar. Zerriebene Blätter schmecken pfefferartig-scharf. Braunrote, glockige Blüte.
SYMPTOME Schleimhautreizung und Brennen im Mund. Übelkeit und Erbrechen. Mäßig giftig.

Acker-Gauchheil
Anagallis arvensis | JUNI–OKTOBER

Ähnlich wie Vogelmiere. Blüht allerdings rot und manchmal blau. Der Stängel ist vierkantig und hat im Gegensatz zur Vogelmiere keine einreihige Behaarung.
SYMPTOME Selten Übelkeit. Schwach giftig. Wurde früher als Heilpflanze gegen Geisteskrankheit verwendet.

Herbst-Zeitlose
Colchicum autumnale | AUGUST–OKTOBER

Verwechslungsgefahr mit Bär-Lauch. Blätter riechen aber nicht knoblauchartig. Mehrere Blätter ineinandergewickelt am Stängel. Fleischige Blätter ohne Stiel, den Stängel umfassend und glänzend.
SYMPTOME Übelkeit, Erbrechen, Durchfälle, Krämpfe, Lähmungen. Sehr giftig.

Rezepte mit Wildkräutern

Wildkräuter werden wie kultivierte Gemüse und Salate verwendet. Da ihre Nutzung in der Küche heute in Vergessenheit geraten ist, finden Sie hier Hinweise zur Verarbeitung und einige Grundrezepte für diese Köstlichkeiten aus der Natur. Viel Spaß beim Ausprobieren!

TIPPS FÜR DIE VERARBEITUNG

Unsere Gemüse- und Salatpflanzen waren ursprünglich auch Wildpflanzen. Bei der Züchtung wurde auf milden Geschmack Wert gelegt. Dabei gingen allerdings sehr viele Inhaltsstoffe verloren. Dazu zählen zum einen Vitamine und Mineralien, aber auch Heilstoffe, wie zum Beispiel verdauungsfördernde Bitterstoffe, die im Kulturgemüse nicht erwünscht waren. Wildgemüse enthalten diese Inhaltsstoffe noch. Deshalb schmecken sie zwar weniger mild, aber dafür nuancenreicher. Für unsere heutigen Geschmacksnerven ist dies zunächst ungewohnt. Um sich langsam an die neuen Geschmacksvarianten heranzutasten, können einige praktische Tipps hilfreich sein:

1. **JUNGE TRIEBE UND BLÄTTER:** Sie sind immer zarter und milder als ältere. Deshalb ist der Frühling die beste und ergiebigste Sammelzeit. Wenn die Pflanzen dann zu blühen beginnen, werden die Blätter meist hart, faserig, bitter und herb. In dieser Zeit nutzt man dann die Blüten der Pflanzen, die immer milder sind als die anderen Pflanzenteile.
2. **WURZELN DER WILDPFLANZEN:** Sie sind im Herbst am gehaltvollsten. Bei zweijährigen Pflanzen gilt es zu beachten, dass die Wurzel im 2. Jahr verholzt und ungenießbar wird.
3. **ZWEIJÄHRIGE PFLANZEN:** Sie bilden im 1. Lebensjahr eine bodennahe Blattrosette und erst im 2. Jahr treibt der Blütenstiel aus. Die Wurzeln dieser Pflanzen müssen im Herbst des 1. Jahres geerntet werden. Sie können auch im zeitigen Frühjahr des 2. Jahres genutzt werden, allerdings nur so lange, bis der Austrieb beginnt.
4. **WILDFRÜCHTE:** Sie sind oft erst dann genießbar, wenn sie voll ausgereift sind. Manche spät reifenden Arten, wie zum Beispiel die Schlehe, sollten nach der Ernte nachreifen, damit sie schmackhaft werden. Dem können Sie nachhelfen, indem Sie einige reife Äpfel dazulegen.
5. **STARK BITTERE PFLANZEN:** Sie schmecken milder, wenn man sie in lauwarmem Wasser einweicht und wäscht. Außerdem können Sie die Schärfe und »Wildheit« solcher Pflanzen durch die Zugabe von Sahne, Sauerrahm oder Crème fraîche mildern. Zudem gibt es viele mild schmeckende Wildkräuter, die Sie unter die herben und bitteren Arten mischen und so deren Geschmack ausgleichen können. Dazu gehören beispielsweise Brennnessel, Giersch, Gänseblümchen, Knopfkraut, Vogelmiere und Weißer Gänsefuß.

Gänseblümchen aufs Butterbrot: schmeckt gut und ist gesund.

Der Frühling liefert zarte Blätter und milde Blüten – ein willkommener Genuss.

6. **PFLANZEN MIT RAUEN HAAREN:** Sie werden gaumenfreundlicher, wenn Sie sie blanchieren oder mit dem Nudelholz abwellen.

MANCHE ARTEN SOLLTEN NUR GELEGENTLICH GEGESSEN WERDEN

Bei einigen Wildpflanzen wird in den Porträts auf Inhaltsstoffe hingewiesen, die in größeren Mengen gegessen schädlich sein können. Zu solchen Substanzen gehören beispielsweise Oxalsäure, Pyrrolizidinalkaloide und Cumarine. Bei diesen Stoffen gilt die alte Weisheit »Die Dosis macht das Gift«. Ein gelegentlicher Verzehr birgt nach heutigem Wissen keine Gefahr. Im Übermaß kann Oxalsäure bei vorbelasteten Menschen aber Nierenschädigungen hervorrufen. In großen Mengen kommt sie in Rhabarber vor, aber auch in Spinat, Mangold und Sauerklee ist sie vertreten. Pyrrolizidinalkaloide sind in den letzten Jahren in Verruf geraten, weil im Tierversuch festgestellt wurde, dass sie die Leber schädigen. Huflattich, Beinwell und Natternkopf enthalten geringe Mengen davon. Bedenken Sie aber, dass diese Pflanzen eine lange Tradition als Heil- und Nahrungspflanzen besitzen, ohne dass eine Schädigung bekannt geworden wäre. Cumarine kommen zum Beispiel in Steinklee und Waldmeister vor. Wegen ihres Dufts wurden sie von alters her zum Aromatisieren verwendet. Hohe Dosen können jedoch zu Leberschäden, Übelkeit und Kopfschmerz führen.

Erste Hilfe bei Vergiftung

Sollte es trotz aller Vorsichtsmaßnahmen zu einer Vergiftung kommen, wenden Sie sich unverzüglich an einen Arzt oder an die nächste Klinik. Adressen von Giftnotruf-Zentralen finden Sie auf der hinteren Buchklappe. Nehmen Sie die in Verdacht stehenden Pflanzen zur Bestimmung mit. Als Soforthilfe können Sie Erbrechen auslösen, Medizinalkohle einnehmen und reichlich Wasser trinken. In der Klinik können Magenspülung und weitere Maßnahmen veranlasst werden.

GRUNDREZEPTE

Vom Salat über Suppen bis hin zu Pesto, Likören oder essbaren Dekorationen – mit Wildpflanzen lassen sich, wie aus Kulturpflanzen auch, die unterschiedlichsten Rezepte verwirklichen. In der Tabelle ab S. 164 finden Sie auf einen Blick, für welche Verwendung in der Küche sich die einzelnen Pflanzenarten eignen. Die Grundrezepte für die wichtigsten Verwendungsarten sind untenstehend aufgeführt. Spezielle Wildkräuter-Kochbücher mit ausführlichen Rezepten finden Sie bei den Buchempfehlungen auf S. 168.

SALATE AUS WILDPFLANZEN

Unglaublich viele Wildpflanzen eignen sich für Salat – entweder gemischt mit anderen Salaten oder pur. Arten, die mild oder neutral schmecken, können Sie in großen Mengen nutzen. Dazu zählen beispielsweise Gänseblümchen, Giersch, Labkraut, Löwenzahn oder Spitz-Wegerich. Scharf schmeckende oder sehr würzige Pflanzen schneiden Sie besser klein und fügen sie anderen Salaten als Gewürz bei. Beispiele dafür sind Bär-Lauch, Beifuß, Dost, Knoblauchsrauke, Quendel, Schafgarbe oder Schaumkraut.
Wenn Sie sich zuerst etwas an den intensiven Geschmack mancher Wildpflanzen gewöhnen müssen, können Sie als Basis Kopfsalat verwenden und ihn mit den Wildpflanzen mischen. Auch das Unterheben von gewürfelten Äpfeln oder Birnen macht den Salat milder. Gleiches gilt für die Salatsoße, die – entweder mit Sahne oder mit Crème fraîche verfeinert – herbe Kräuter neutralisiert. Als Dekoration können Sie eine Fülle appetitlich aussehender Blüten nutzen: Hübsche, essbare Farbtupfer sind etwa die Blüten von Ehrenpreis, Gänseblümchen, Klee, Löwenzahn oder von Taubnesseln. Zur Abrundung können Sie in einer trockenen Pfanne geröstete Sonnenblumen- oder Kürbiskerne über den Salat streuen.

HERZHAFTE SUPPEN

Suppen und Eintöpfe aus Wildkräutern haben eine lange Tradition. Zur Osterzeit wurde früher mit einer grünen Kultspeise ein Frühlingsfest zelebriert. Sie ist als »Gründonnerstagssuppe« oder »Grüne Neune« bekannt, weil in dieser Suppe neun verschiedene Kräuter verwendet werden. Es sind die ersten Frühlingswildkräuter: Brennnessel, Bär-Lauch, Löwenzahn, Giersch, Gundermann, Gänseblümchen, Sauerampfer, Spitz-Wegerich und Schaumkraut.
Als Basis für diese Suppe nehmen Sie am besten eine Gemüsebrühe, die mit Kartoffeln, Mehl, Ei oder Getreide gebunden wird. Die Wildkräuter fügen Sie fein geschnitten dazu. Zum Schluss können Sie die Suppe mit etwas Sahne abrunden und geröstete Brotwürfel darübergeben.

VITAMINREICHE WILDGEMÜSE-GERICHTE

Wie beim Kulturgemüse gibt es auch für Wildgemüse eine Vielzahl von Zubereitungsmöglichkeiten: Entweder sie werden gedünstet oder wie Spinat zubereitet. Oder man verarbeitet sie als Quiche-Belag, in Nudel- oder Kartoffelaufläufen oder als Füllung für Teigtaschen oder Pfannkuchen. Großblättrige Kräuter wie Lindenblätter, Huflattich oder Beinwell können als Basis für Blattrouladen dienen, die Sie in der Pfanne oder im Ofen schmoren. Blätter und Blüten können Sie in Pfannkuchen-

Wilder geht es nicht: Hier werden Wildkräuter über dem offenen Feuer zubereitet.

teig tauchen und anschließend in Öl goldbraun backen. Junge Blatt- und Blütenstängel bereitet man wie Spargel zu. Wurzeln können Sie wie Möhren zubereiten oder Sie servieren sie als leckeres Püree.

WILDPFLANZEN-PESTO

Das Wildkräuter-Pesto orientiert sich an der bekannten Basilikum-Spezialität aus Ligurien. Man nutzt es zum Würzen von Salatsoßen oder für Nudelgerichte. Für ein solches Pesto eignen sich z. B. Brennnesseln (wegen der Brennhaare zuvor blanchieren), Bär-Lauch, junger Giersch, Knoblauchsrauke, Löwenzahn und Spitz-Wegerich.

Das Grundrezept ist ganz einfach: 120 g sehr fein gewiegte Wildkräuter werden mit 150 ml Olivenöl, 15 g Knoblauch, 30 g geriebenem Parmesan, 30 g gemahlenen Nüssen und 1–2 TL Salz gemischt und im Mörser oder mit dem Pürierstab zu einer Paste verarbeitet. Wenn Sie Nüsse und Käse weglassen, hält sich das in Gläser gefüllte Pesto im Kühlschrank bis zu 8 Monate lang.

WILDPFLANZEN-KAFFEE

Kaffee aus Wildpflanzen ist ein Produkt aus Notzeiten, in denen echte Kaffeebohnen rar waren. Es lohnt sich aber, auch außerhalb von Notzeiten einen Wildpflanzen-Milchkaffee zu servieren – er schmeckt lecker und ist gesund.

Für einen Wildpflanzen-Kaffee eignen sich vor allem stärkehaltige Wurzeln wie die von Wegwarte und Löwenzahn. Die angetrockneten Wurzeln werden auf Kaffeebohnengröße zerkleinert und in einer trockenen Pfanne oder im Backofen (200 °C) bei leicht geöffneter Tür ca. 15 Minuten geröstet, bis sie braun sind. Vor der Zubereitung mahlt man sie in einer Kaffeemühle. Das Pulver brüht man dann wie normalen Kaffee auf.

Wildpflanzen-Pesto ist schnell zubereitet – überraschen Sie Ihre Gäste!

KANDIERTE WILDBLÜTEN

Solche Blüten sind auf jedem Dessert und jeder Torte ein echter Hingucker. Beliebt sind kandierte Veilchen oder Rosenblüten, aber es gibt eine Vielzahl anderer mild-süßlich schmeckender Wildblüten, die sich genauso gut zum Kandieren eignen. Zum Kandieren schlagen Sie Eiweiß mit ein wenig Puderzucker halbsteif. Ziehen Sie schöne Wildblütenblätter mit einer Pinzette durch die Eischnee-Masse oder bepinseln Sie sie damit. Anschließend bestreuen Sie die Blüten rundum mit Zucker, legen sie auf Backpapier und trocknen sie im lauwarmen Backofen (40 °C). Fertig ist die edle Dessert-Dekoration! Die Blüten müssen innerhalb von 2 Tagen verbraucht werden.

Alternativ können Sie die Blüten mit Schokolade überziehen. Dazu schmelzen Sie Schokoladenkuvertüre zusammen mit einem kleinen Schuss Sahne im Wasserbad. Mit einer Pinzette ziehen Sie die Blüten oder auch zarte Blätter durch die Schokolade, legen sie auf Backpapier und lassen sie im Kühlschrank abkühlen. Eine wunderbare Dekoration für Eis oder süße Quarkspeisen!

FALSCHE KAPERN

Eingelegte Kapern sind eine Spezialität des Mittelmeerraums. Die Früchte des Kapernstrauchs kann man sehr gut durch heimische Blütenknospen, zum Beispiel von Gänseblümchen, Bär-Lauch oder Löwenzahn, oder durch unreife Samen ersetzen. Man bestreut die Pflanzenteile mit etwas Salz und füllt sie in Gläser. Dann übergießt man sie mit einer kochenden Essig-Wasser-Mischung (4:1) und die Gläser werden dicht verschlossen. Achten Sie darauf, dass alle Knospen bzw. Samen mit Essig bedeckt sind.

WILDPFLANZEN-LIKÖR

Für Likör werden grob zerkleinerte Wildpflanzen oder Wildfrüchte mit Alkohol bedeckt und 1–2 Wochen lang ausgezogen. Am besten verwenden Sie dafür milde Spirituosen wie Korn oder Wodka, die den Eigengeschmack der Wildpflanzen bewahren. Für einen Likör eignen sich vor allem Pflanzenteile von aromatisch duftenden Kräutern wie Wasser-Minze, Quendel oder Wiesen-Kümmel, aber auch die säuerlich-fruchtigen Aromen von Wildfrüchten wie Schlehe oder Himbeere. Nach dem Ausziehen gießt man den Likör durch einen Kaffeefilter ab und süßt ihn mit einer Zuckerlösung. Diese Lösung stellt man im Verhältnis 1:1 aus Zucker und Wasser her, indem man zum Beispiel 100 ml Wasser auf 100 g Zucker gibt. Der Zucker wird im Wasser aufgelöst und kurz aufgekocht. Dann lässt man die Zuckerlösung abkühlen und fügt sie dem Wildpflanzenauszug zu. Auf 1 Liter Auszug benötigt man eine Zuckerlösung aus 200 g Zucker. Vor Gebrauch sollten Sie den Likör einige Wochen reifen lassen!

WILDPFLANZEN-ESSIG

Ein nach Wildpflanzen duftender Essig ist eine Bereicherung für die Küche. Dazu werden aromatische Wildkräuter wie Bär-Lauch, Dost, Holunderblüte, Quendel oder Veilchenblüten klein geschnitten und mit Weinessig übergossen, sodass alles bedeckt ist. Für einen solchen Essig können Sie auch Wildfrüchte wie Wald-Erdbeeren, Himbeeren oder Holunder verwenden. Sie benötigen etwa 100–150 g frische Wildpflanzen oder Früchte auf 1 Liter Essig. Nach 2 Wochen Ausziehzeit wird die Mischung gefiltert und in schöne Flaschen abgefüllt. Geben Sie einige Blüten oder Früchte in die Flasche – das sieht hübsch aus.

WILDPFLANZEN-SIRUP

Wer Süßes liebt, für den ist ein Sirup die geeignete Konservierungsmethode. Sehr gut geeignet dafür sind Fichtenspitzen, Holunderblüten, Kleeblüten, Löwenzahnblüten, Mädesüßblüten und Wasser-Minze. Für den Sirup werden die duftenden Blätter, Blüten oder Wildfrüchte zunächst einige Stunden in Wasser ausgezogen. Nehmen Sie so viel Wasser, dass die Pflanzenteile gerade bedeckt sind. Nach dem Ausziehen erhitzen Sie das Wasser mit den Pflanzen bis zum Sieden, lassen es einige Minuten stehen, nehmen es vom Herd und sieben es dann ab. In dem heißen Sud löst man nun 1:1 Zucker oder Honig auf und lässt es noch kurz bei geringer Hitze köcheln. Wenn die Flüssigkeit etwas zäh wird, füllt man sie in Flaschen ab und verschließt sie.

WILDKRÄUTER-ÖL

Öl ist ein ausgezeichneter Geschmacksträger, in dem sich sehr gut die Düfte aromatischer Wildpflanzen einfangen lassen. Am besten verwendet man dafür getrocknete Wildkräuter. Für 1 Liter Öl benötigen Sie etwa 100 g getrocknete Kräuter. Diese werden an einem warmen Platz etwa 1 Woche im Öl ausgezogen. Anschließend wird es gefiltert und in Flaschen abgefüllt.

WILDPFLANZEN-LIMONADE

Eine erfrischende Limonade können Sie recht einfach aus Apfelsaft und duftenden Wildkräutern herstellen. Besonders gut dazu eignen sich

Waldmeister (den man angewelkt verwendet), Dost, Holunderblüten, Kleeblüten, Löwenzahnblüten und blühendes Labkraut. Man übergießt die grob zerkleinerten Kräuter mit Apfelsaft oder weißem Traubensaft und lässt sie 4 Stunden im Kühlschrank ziehen. Anschließend siebt man den Saft ab, gießt ihn mit der gleichen Menge spritzigem Mineralwasser auf – fertig ist die leckere Wildkräuter-Limonade.
Besonders Kinder lieben dieses durststillende Getränk. Erwachsene können das Mineralwasser auch durch Sekt ersetzen – ein außergewöhnlicher Begrüßungsdrink fürs Sommerfest!

WILDKRÄUTER-SALZ

Für ein Wildkräuter-Salz werden getrocknete Wildpflanzenteile mit Salz im Verhältnis 1:4 (20 g Kräuter auf 80 g Salz) in einem Mörser gründlich zerkleinert. Durch das Zerreiben im Mörser bleiben die Duftmoleküle der Wildkräuter an den Salzmolekülen haften. Für ein solches Salz eignen sich in erster Linie würzig-aromatische Wildpflanzen wie Bärwurz, Beifuß, Brennnessel, Dost oder Gundermann, aber auch Löwenzahnwurzeln und Samen vom Wiesen-Kümmel.
Ein Tipp: Getrocknete Blüten sind wunderbare Farbtupfer in einem Wildkräuter-Salz.

WILDPFLANZEN TROCKNEN

Viele Wildpflanzen eignen sich gut für Tee oder als Gewürz. Am besten verwendet man die Pflanzen dafür frisch, Sie können sich aber auch einen Vorrat aus getrockneten Pflanzen zulegen.
Damit möglichst viele Aromen und Inhaltsstoffe erhalten bleiben, trocknet man die Kräuter als Ganzes. Zerkleinerte Kräuter verlieren während der Lagerung über die Bruchstellen viele Aromastoffe.
Man breitet Blätter, Blüten oder Früchte auf sogenannten Trockenrahmen aus und lässt sie im Schatten trocknen. Solche Rahmen können Sie leicht aus Holzleisten selbst herstellen. Als Bespannungsmaterial eignet sich dünner Baumwollstoff oder Fliegengaze. Es gibt zum Trocknen von Kräutern auch elektrisch betriebene Haushaltsgeräte. Für welche Variante Sie sich auch entscheiden: Achten Sie immer darauf, dass die Kräuter schonend bei Temperaturen unter 40 °C getrocknet werden.

KRÄUTERQUARK UND KRÄUTERBUTTER

Für Kräuterquark und Kräuterbutter nutzt man vor allem würzige und scharfe Wildkräuter. Dazu gehören zum Beispiel die kresseartig schmeckenden Kreuzblütler wie Brunnenkresse, Hirtentäschel und Schaumkraut, aber auch würzige Doldenblütler wie Bärwurz, Giersch und Wiesen-Kümmel, nicht zu vergessen die nach Knoblauch duftenden Kräuter wie Bär-Lauch und Knoblauchsrauke.
Die frischen Kräuter werden fein gehackt und mit Butter oder Quark gemischt. Quark können Sie geschmacklich aufwerten, indem Sie Joghurt oder Sahne zugeben. Sehr dekorativ ist auch die Zugabe von Wildblüten. Butterstücke kann man zur Dekoration in einer Blütenmischung rollen.

WILDFRUCHT-MARMELADE UND -GELEE

Für Gelee entsaftet man die Früchte mit einem Dampfentsafter oder einer

Würzige Wildkräuter werden mit Salz gemörsert.

Saftpresse und kocht den Saft anschließend mit Zucker oder Honig und Geliermittel. Sehr saure oder herbe Beeren können Sie durch die Zugabe von Apfel- oder Birnensaft etwas abmildern. Ein wenig Zitronensaft unterstützt das Aroma der Wildfrüchte. Fruchtaufstriche stellt man aus zerkleinerten Früchten her. Nach dem Kochen füllt man die Mischung in keimfrei ausgespülte Gläser, die man mit Twist-off-Deckeln gut verschließt.

WILDBLÜTEN-SAHNE

Mit duftenden Wildblüten oder auch -blättern können Sie eine Sahne herstellen, die sich für Desserts, Eis oder Kuchen eignet. Die Blüten werden in der Sahne kurz erhitzt. Dann filtriert man sie und lässt sie gut abkühlen. Die aromatisierte Sahne wird nun mit etwas Süßmittel steif geschlagen. Milchprodukte nehmen sehr gut Düfte auf, sodass man auch Blüten in Milch ausziehen und anschließend daraus einen köstlich duftenden Pudding kochen kann.

SMOOTHIES

Für einen vitalstoffreichen Wildkräuter-Smoothie pürieren Sie 100 g Wildkräuter, 2 Bananen, 1 Apfel und 100 ml Hafermilch oder Trinkjoghurt. Als Kräuter eignen sich zum Beispiel Brunnenkresse, Brennnessel, Giersch, Vogelmiere und Schaumkraut.

DEKORATION

Wildpflanzen bieten eine Vielzahl dekorativer wohlschmeckender Blüten. Sie eignen sich hervorragend als essbare Speisedekoration. Bekanntlich isst ja das Auge mit!
Milde, süßliche oder geschmacksneutrale Blüten – zum Beispiel von Taubnessel, Löwenzahn oder Klee – sind ideal für Salate und Desserts. Scharfe würzige Blüten – zum Beispiel von Senf oder Bär-Lauch – eignen sich für Quark, Kräuterbutter und Gemüse. Auch Trinkgläser für Wildkräuter-Limonaden oder -Bowlen lassen sich schön mit Blüten schmücken, indem man den Glasrand zuerst in Zitronensaft und anschließend in eine Blüten-Zucker-Mischung taucht.

Wildkräuter verwenden

PFLANZENART \ VERWENDUNG	Salat	Suppe	Gemüse	Pesto	Quark, Butter	Likör	Würzöl	Essig	Tee	Saft, Aufstrich	Limonade, Sirup	Dekoration	Seite
Baldrian, Echter Arznei-					+	+			+		+		80
Barbarakraut	+		+	+	+			+				+	88
Bärenklau, Wiesen-	+	+	+										44
Bärwurz	+	+	+		+	+	+	+					44
Beifuß	+	+				+	+	+	+				114
Beinwell, Arznei-		+	+									+	106
Berberitze						+		+		+	+		140
Berufkraut, Kanadisches	+				+								102
Bibernelle, Kleine	+	+			+	+		+					46
Birke, Hänge-	+								+				134
Bocksbart, Wiesen-	+		+									+	48
Braunelle	+	+			+				+			+	52
Brennnessel, Große		+	+	+					+				20
Brombeere, Echte						+			+	+			28
Brunnenkresse, Echte	+	+		+	+			+					68
Buche, Rot-	+			+		+							142
Eberesche						+		+		+			144
Ehrenpreis, Bachbungen-	+	+	+		+							+	68
Ehrenpreis, Persischer	+	+							+			+	100
Engelwurz, Wald-	+	+	+			+			+				22
Erdbeere, Wald-	+					+		+	+	+			28
Felsenbirne						+				+			138
Ferkelkraut	+	+	+									+	46
Fichte	+			+		+			+		+		134
Fingerkraut, Gänse-	+	+	+						+			+	98
Fingerkraut, Kriechendes	+	+	+						+			+	98
Flockenblume, Wiesen-						+			+			+	62
Flügelknöterich, Japan.		+	+							+			70
Frauenmantel	+		+						+				42
Gänseblümchen	+	+	+		+				+			+	34
Gänsedistel, Kohl-	+	+	+	+								+	106
Gänsedistel, Raue	+	+	+		+							+	104
Gänsefuß, Weißer	+	+	+										108
Giersch	+	+	+	+	+				+				12
Gilbweiderich	+	+	+		+							+	78
Glockenblume, Wiesen-	+		+									+	50
Goldrute, Kanadische			+						+				104
Gundermann		+			+				+			+	40

VERWENDUNG / PFLANZENART	Salat	Suppe	Gemüse	Pesto	Quark, Butter	Likör	Würzöl	Essig	Tee	Saft, Aufstrich	Limonade, Sirup	Dekoration	Seite
Günsel, Kriechender	+											+	38
Habichtskraut, Kleines	+	+	+		+							+	46
Hasel				+		+			+	+			140
Hauhechel, Dornige	+				+	+						+	38
Hederich, Acker-	+				+			+				+	90
Heidelbeere						+			+	+			30
Heinrich, Guter	+	+	+										110
Hellerkraut, Acker-	+		+		+							+	92
Himbeere						+		+	+	+	+		28
Hirtentäschel	+		+		+							+	88
Holunder, Schwarzer						+		+	+	+	+		136
Hopfen			+			+			+				16
Huflattich	+	+	+						+			+	86
Johannisbeere, Alpen-	+					+			+	+			26
Johanniskraut, Tüpfel-	+					+	+	+	+			+	120
Kamille, Echte						+			+		+	+	116
Kamille, Strahlenlose	+					+			+		+	+	118
Kirsche, Vogel-						+			+	+	+		138
Klee, Rot-	+	+	+						+		+	+	50
Klee, Weiß-		+	+						+		+	+	52
Klette, Große			+										126
Knoblauchsrauke	+	+	+	+	+		+	+					14
Knopfkraut, Kleinblütiges	+	+	+	+									102
Knöterich, Wasserpfeffer-				+	+								76
Königskerze, Großblütige									+		+	+	126
Kornblume					+				+			+	116
Kornelkirsche						+				+			136
Kratzdistel, Kohl-	+	+	+			+							74
Kümmel, Wiesen-	+				+	+	+		+				60
Labkraut, Echtes	+		+						+		+		60
Labkraut, Kletten-		+	+										114
Labkraut, Wiesen-	+		+	+					+		+		58
Lauch, Bär-	+	+	+	+	+		+	+					12
Lauch, Kohl-	+			+	+		+	+					84
Leimkraut, Taubenkropf-	+				+								92
Lichtnelke, Kuckucks-	+				+							+	74
Linde, Sommer-	+		+			+			+		+		136
Löwenzähne, Wiesen-	+	+	+	+					+		+	+	36

Wildkräuter verwenden

PFLANZENART / VERWENDUNG	Salat	Suppe	Gemüse	Pesto	Quark, Butter	Likör	Würzöl	Essig	Tee	Saft, Aufstrich	Limonade, Sirup	Dekoration	Seite
Lungenkraut, Echtes	+	+	+		+				+			+	14
Mädesüß, Echtes						+			+		+		80
Malve, Weg-	+	+	+						+				124
Malve, Wilde	+	+	+	+					+			+	124
Margerite, Magerwiesen-	+	+	+									+	48
Meerrettich	+		+		+		+	+					128
Melde, Spreizende	+	+	+										108
Minze, Acker-					+	+		+	+		+		120
Minze, Ross-						+		+	+		+		122
Minze, Wasser-					+	+		+	+		+		76
Mohn, Klatsch-						+			+		+	+	110
Möhre, Wilde	+	+	+	+									64
Nachtkerze	+	+	+						+			+	130
Natternkopf	+	+			+							+	86
Nelkenwurz, Echte	+		+			+		+	+				18
Oregano, Dost	+				+	+	+	+	+		+	+	122
Pastinak, Echter	+	+	+		+								64
Pfennigkraut	+		+		+							+	56
Platterbse, Wiesen-		+	+									+	50
Portulak	+		+		+								112
Preiselbeere						+				+			30
Quecke, Kriech-	+								+		+		130
Rainkohl	+	+	+									+	84
Rohrkolben, Breitblättriger			+										72
Rose, Hunds-						+			+	+			144
Salbei, Wiesen-							+	+	+		+	+	54
Sanddorn						+			+	+			142
Sauerampfer, Großer	+	+			+								42
Sauerklee, Wald-	+	+			+								18
Schafgarbe, Wiesen-	+	+			+				+				34
Scharbockskraut	+	+	+		+								72
Schaumkraut, Viermännig.	+	+		+	+			+					90
Schaumkraut, Wiesen-	+	+		+	+			+				+	36
Schilf	+		+										70
Schlehe						+			+	+	+		144
Senf, Acker-	+		+	+	+							+	90
Steinklee, Echter					+	+			+		+		118
Stiefmütterchen, Wildes	+	+	+					+	+			+	100
Storchschnabel, Wiesen-	+	+	+						+			+	52

VERWENDUNG / PFLANZENART	Salat	Suppe	Gemüse	Pesto	Quark, Butter	Likör	Würzöl	Essig	Tee	Saft, Aufstrich	Limonade, Sirup	Dekoration	Seite
Süßdolde	+	+				+		+	+		+	+	22
Taubnessel, Rote	+	+	+						+			+	96
Taubnessel, Weiße	+	+	+						+			+	94
Teufelskralle, Ährige	+		+		+							+	16
Thymian, Quendel, Arznei-	+				+	+	+	+	+		+	+	62
Traubenkirsche						+			+	+			138
Ulme, Berg-	+								+				134
Veilchen, Wohlriechendes	+	+				+		+	+			+	20
Vogelknöterich	+	+	+										112
Vogelmiere	+	+	+	+									94
Wacholder, Heide-						+	+						140
Waldmeister						+			+		+		26
Wasserlinse, Kleine	+	+	+										68
Wegerich, Breit-	+	+	+										96
Wegerich, Spitz-	+	+	+	+					+				40
Wegrauke	+				+								92
Wegwarte	+		+		+				+			+	128
Weidenröschen, Schmalbl.	+	+	+						+			+	24
Weiderich, Blut-	+					+			+		+	+	78
Weißdorn, Eingriffl.	+								+	+			142
Wiesenknopf, Großer	+	+			+				+				58
Wiesenknopf, Kleiner	+	+			+				+				56
Wiesenknöterich, Schlangen-	+	+	+										54
Witwenblume, Wiesen-	+											+	62
Ziest, Wald-		+	+						+				24

Zum Weiterlesen

Beiser, Rudi:
Tee aus Kräutern und Früchten,
Kosmos Verlag, 2025

Schönfelder, Ingrid und Peter:
Der Kosmos-Heilpflanzenführer,
Kosmos Verlag, 2023

Der Kosmos-Pflanzenführer,
Kosmos Verlag, 2020

Stumpf, Ursula:
Unsere Heilkräuter,
Kosmos Verlag, 2023

Diez, Otmar:
Unsere essbare Natur,
Kosmos Verlag, 2023

Schmid, Moritz:
Mushroom Fever,
Kosmos Verlag, 2024

Beiser, Rudi:
Unsere essbaren Wildpflanzen,
Kosmos Verlag, 2022

Dreyer, Eva-Maria:
Essbare Wildkräuter & ihre giftigen Doppelgänger,
Kosmos Verlag, 2024

Register

Impressum

BILDNACHWEIS

Mit 218 Farbfotos: **R. Beiser** (18: S. 4, 8, 9, 13 ore+uli, 37 uli+ure, 41 o+u, 43 o, 51 u, 55 o, 57 u, 63 u, 85 ure, 99 u, 127 oli+ore, 157, 159, 160), **H. Bellmann/Kosmos** (1: 47 oli), **Blickwinkel/F. Hecker** (1: S. 19 u), **M. Hassler/F. Hecker** (43: S. 17 oli+ ore, 25 oli+ore, 49 u, 51 mi, 53 mi, 61 oli+ore+u, 63 oli+ore, 77 o, 91 o+uli+ure, 93 o+uli, 101 o, 103 oli+ore+u, 107 oli+ore, 109 oli+ ore+u, 113 u, 119 o, 121 u, 125 o, 127 u, 129 u, 131 uli+ure, 139 oli+ore, 151 ure), **shutterstock/Manfred Ruckzio** 47 ore, **shutterstock/Elena Koromyslova** 107 ore, **shutterstock/olko1975** 109 oli.

Alle anderen Fotos stammen von **F. Hecker.**

Mit 198 Illustrationen: **M. Golte-Bechtle/Kosmos** (87: vordere Klappe Pflanze, S. 12 o, 16 o, 18 o, 20 o+u, 24 o, 26 o+u, 28 o+mi+u, 30 u, 34 u, 36 u, 38 o+u, 40 o+u, 42 o+u, 44 o+u, 46 o, 50 mi, 52 o+mi+u, 54 o, 56 o+u, 58 o+u, 60 o, 62 mi, 64 o, 68 o+mi+u, 72 o, 74 u, 76 o+u, 78 o+u, 86 u, 88 o+u, 90 o+mi, 92 o+mi+u, 94 o+u, 96 o+u, 98 o+u, 100 o+u, 102 o, 104 o+u, 108 u, 110 o+u, 112 u, 116 u, 118 u, 120 o+u, 122 u, 124 u, 126 o, 134 u, 136 u, 138 mi+u, 140 o+mi, 142 mi+u, 144 o+mi), **S. Haag/Kosmos** (15: S. 34 o, 46 mi+u, 48 o+u, 62 o, 74 o, 84 o+u, 86 o, 114 u, 116 o, 118 o, 134 o+mi), **G. Kohnle/Kosmos** (3: 22 u, 70 u, 80 u), **W. Lang/Kosmos** (55: vordere Klappe Stängel/Blätter, S. 1), **R. Spohn/Kosmos** (38: S. 12 u, 14 o+u, 16 u, 18 u, 22 o, 24 u, 30 o, 36 o, 50 o+u, 54 u, 60 u, 62 u, 64 u, 70 o, 72 u, 80 o, 90 u, 102 u, 106 o+u, 108 o, 112 o, 114 o, 122 o, 124 o, 126 u, 128 o+u, 130 o+u, 136 o+mi, 138 o, 140 u, 142 o, 144 u).

Mit 8 Symbolen: **W. Lang** (vordere Klappe unten, S. 5).

Umschlaggestaltung von GRAMISCI Editorial Design (Claudia Geffert), München, unter Verwendung eines Fotos von Shutterstock/Iva Vagnerova. Es zeigt die Felsenbirne.

Haftungsausschluss
Für die in diesem Buch beschriebenen Rezepte und Methoden übernehmen Autor und Verlag keine Haftung. Weder Autor noch Verlag haften für Schäden, die aus der Anwendung der im Buch vorgestellten Hinweise und Ratschläge entstehen könnten. Bei gesundheitlichen Störungen sprechen Sie sich mit Ihrem Arzt oder Heilpraktiker ab. Die vorgestellten Methoden bieten keinen Ersatz für eine therapeutische oder medizinische Behandlung.

Pfizerstraße 5–7, 70184 Stuttgart / kosmos.de/servicecenter

ISBN 978-3-440-18224-6
Redaktion: Heiko Fischer
Grundlayout: Peter Schmidt Group GmbH, Hamburg
Gestaltung und Satz: Text & Bild, Michael Grätzbach
Produktion: Markus Schärtlein
Druck und Bindung: Westermann Druck Zwickau GmbH, Zwickau
Printed in Germany / Imprimé en Allemagne

Der Genussführer für —— Selbstversorger

296 Seiten

Auf der Wiese, hinter dem Haus und im Wald wachsen überraschend viele Pflanzen, die unseren Speiseplan bereichern. Über 600 Fotos und Zeichnungen sowie ausführliche Beschreibungen informieren über alle wichtigen Merkmale. Wo Verwechslungsgefahr mit ungenießbaren Arten besteht, werden die Doppelgänger direkt gegenübergestellt.

kosmos.de

Giersch (Seite 12)

Vorkommen: Garten, Wald, Waldrand
Nutzwert: Er gehört zu den wertvollsten Wildgemüsen, hat einen einmaligen Geschmack und ist gleichzeitig die proteinreichste heimische Wildpflanze. Im Vergleich zu Endiviensalat enthält Giersch 5-mal soviel Eiweiß und 18-mal soviel Vitamin C. Probieren Sie dieses mild-würzige „Unkraut" – entweder roh oder gedünstet.

Wiesen-Löwenzähne (Seite 36)

Vorkommen: Garten, Wegrand, Weide, Wiese
Nutzwert: Diese Pflanze besticht durch ihre Vielseitigkeit und den feinbitteren Geschmack. Sie können ihre Wurzeln, Blätter, Knospen und Blüten verwenden. Die geschlossenen Blütenknospen sind eine Delikatesse. Löwenzahn enthält viel Vitamin A sowie Kalium, das bei der Blutdruckregulierung eine wichtige Rolle spielt.

Große Brennnessel (Seite 20)

Vorkommen: Hecke, Wald, Wegrand
Nutzwert: Mit ihrem würzigen Geschmack ist sie ein vollwertiger Spinatersatz. Sie enthält viele Mineralien, 4-mal so viel Vitamin C wie eine Zitrone und 9-mal soviel Magnesium wie Kopfsalat. Ihre kleinen, nussig schmeckenden Samen sind getrocknet und geröstet ein hervorragendes Gewürz.